DIE SCHÖNSTEN PFERDE DER WELT

Handbuch der Pferderassen

DIE SCHÖNSTEN PFERDE DER WELT

Handbuch der Pferderassen

Text von Judith Harris Dutson • Fotos von Bob Langrish

ENSSLIN

6. Auflage 2015
© Ensslin im Arena Verlag GmbH, Würzburg 2009
Alle Rechte vorbehalten
Übersetzung aus dem Englischen: Verena Jochim
Die Originalausgabe erschien 2006 unter dem Titel »Horse Breeds of North America« bei Storey Publishing, LLC, North Adams, MA 01247, USA
Text © Judith Harris Dutson
Umschlagfotos: © Bob Langrish, Rückseite oben © Chris Hurd
Fotos: © Bob Langrish, außer: © Linda Ashar 95; © Jay Goss Photography 129; © Shawn Hamilton/CLIX Photography 99, 127;
© Chris Hurd 11; © Carolyn Mason 159; © Adam Mastoon 131; © Deborah McMahon-King 173; © Jared Nield 179;
© Only Horses Picture Agency 33, 87, 161; © Lynne Pomeranz 149; Milanne Rehor 3; © Pam Salzer 185; © Becky Siler 119;
© Paula Sue Swope 109; © Marye Ann Thompson 43; © Tom Vezo 195; © Perry Whipple 51
Illustrationen: Elayne Sears
Karten: Ilona Sherratt
Text: Judith Harris Dutson

Printed in China
ISBN 978-3-401-45375-0

www.arena-verlag.de

Seit mehreren Tausend Jahren ist das Pferd der Gefährte des Menschen. Es diente ihm im Laufe der Jahrhunderte als Arbeits- und Lasttier, als Transportmittel unter dem Reiter und vor dem Wagen, als Reittier im Krieg und in moderner Zeit zunehmend als Sport- und Freizeitkamerad. Über die Jahrhunderte und Jahrtausende haben sich in allen Teilen der Welt viele verschiedene Rassen entwickelt, die oft die Einsatzgebiete des Pferdes und die Vorlieben der Menschen der jeweiligen Region widerspiegeln.

Die heutigen Pferderassen, von denen es ungefähr 200 gibt, sind sehr unterschiedlich in Temperament, Eignung, Farben und Aussehen. Der wunderschöne Araber zeichnet sich durch bemerkenswerte Ausdauer aus; moderne Warmblüter überzeugen in Dressurviereck und Springparcours; wieder andere Rassen sind für die Arbeit mit Viehherden besonders begabt oder beherrschen besondere Gangarten. Wieder andere zeigen die besten Qualitäten vieler verschiedener Blutlinien.

Dieses Buch stellt 96 Pferderassen vor – eine Auswahl der schönsten und interessantesten Vertreter dieser einzigartigen Tiere.

Pony

Abaco-Wildpferd

Die Vorfahren dieser farbenfrohen Pferde haben vielleicht Schiffbrüche spanischer Schiffe vor Amerikas Küste überlebt und sind an Land geschwommen. Vielleicht haben sie die Bahamas auch mit den Loyalisten erreicht, die vor der Amerikanischen Revolution flohen. Derzeit gibt es nur etwa ein Dutzend Pferde dieser Rasse.

Größe: ca. 1,30 m

Beschreibung: Typisch spanische Eigenschaften; langes Gesicht mit großen Nüstern und schweren Knochen über den Augen. Von den derzeit lebenden Pferden sind die meisten gescheckt, die übrigen sind Braune oder Stichelhaarfüchse.

Besondere Eigenschaften: Einige der Pferde gehen Rack oder Pass.

Eignung: Überleben ohne Hilfe des Menschen

Abaco-Inseln, Bahamas, vermutlich im 16. Jahrhundert dorthin gelangt

Pony

Vollblut/ Warmblut

Kaltblut

Farb- rasse

Achal-Tekkiner

Typisch für den Achal-Tekkiner ist der golden-metallische Schimmer des Fells. Diese Rasse gehört zu den frühesten Vollblutrassen der Welt. Sie wurde von Nomadenstämmen in Asien entwickelt.

Größe: ca. 1,50 m – 1,60 m

Beschreibung: Schlank gebaut mit langem, dünnem Hals; abfallende Kruppe, lange Fesseln, ausgeprägter Widerrist; spärliches Langhaar, glänzendes Fell. Alle Grundfarben, aber auch Isabellen, Weißisabellen und Falben.

Besondere Eigenschaften: Metallischer Glanz im Fell; weiche, gleitende Gänge; herausragende Ausdauer

Eignung: Distanzreiten und Dressur

HERKUNFT

Turkmenische Wüste östlich des Kaspischen Meeres

Pony

Vollblut/
Warmblut

Kaltblut

Farb-
rasse

American Cream Draft Horse

Das American Cream Draft Horse ist eine der wenigen Kaltblutrassen, die in den USA entwickelt wurden. Die Rasse wird gern zum Freizeitfahren und -reiten verwendet und es ist sogar ein Cream Draft Horse bekannt, das Dressurturniere geht.

Größe: Stuten ca. 1,50 m – 1,60 m; Hengste/Wallache ca. 1,60 m – 1,70 m

Beschreibung: Edler Kopf mit großen Augen, kleinen Ohren und geradem Profil; langes, volles Langhaar; breite Brust, viel Gurtentiefe und starke, weit auseinanderstehende Beine. Immer cremefarben in unterschiedlichen Schattierungen; rosafarbene Haut; weißes Langhaar; bernstein- oder haselnussfarbene Augen.

Besondere Eigenschaften: Auffallendes cremefarbenes Fell

Eignung: Fahren, Paraden, Landarbeit, Reiten

HERKUNFT

Iowa/USA

Pony

Vollblut/
Warmblut

Kaltblut

Farb-
rasse

Gangpferd

American Curly Horse

Das Fell dieser Pferde zeigt im richtigen Licht ein Wellenmuster. Das American Curly Horse hat nicht nur lockiges Langhaar und ein lockiges Fell, einige Vertreter dieser Rasse haben sogar Locken in den Ohren.

Größe: ca. 1,45 m–1,55 m

Beschreibung: Ein kräftiges Pferd mit weit auseinanderstehenden Augen, muskulösem Hals und sehr harten, runden Hufen. Alle Farben.

Besondere Eigenschaften: Einzigartiges lockiges Fell, das häufig bei Pferdeallergikern keine allergische Reaktion hervorruft; weiche Gänge; ungewöhnlich robust

Eignung: Hüte- und Treibarbeit (Ranch-arbeit), Geländereiten, Distanzreiten und Freizeitreiten

HERKUNFT

Unbekannt, erstmals in Nevada/USA belegt

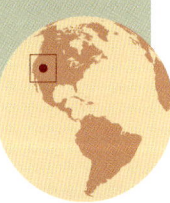

Pony

Vollblut/
Warmblut

Kaltblut

Farb-
rasse

American Indian Horse

*Das American Indian Horse hat ganze Indianerstämme in bewegliche Nomaden-
jäger und furchterregende berittene Krieger verwandelt. Diese Pferde haben als
Kriegspferde, Rennpferde, Hütepferde und Lasttiere das Gesicht der USA verändert.*

Größe: ca. 1,30 m – 1,60 m

Beschreibung: American Indian
Horse nennt man heute alle indianischen
Pferde. Sie sind meist klein und zäh und
sehr ausdauernd, können jedoch unterschiedlich aussehen, je nach Vorliebe des
jeweiligen Stammes. Sie sind oft sehr
selbstständig und kommen gut ohne
den Menschen zurecht, haben aber
trotzdem einen freundlichen Charakter.
Alle Farben.

Besondere Eigenschaften: Robust
und langlebig; Eigenschaften unterschiedlich je nach Stamm und Abstammung

Eignung: Distanzreiten

HERKUNFT

Nordamerika

American Miniature Horse

Erst waren sie die Haustiere der Könige, später arbeiteten kleine Pferde bis zur Mitte des 19. Jahrhunderts in Kohlenminen, erst in England, dann in den USA. Heute sind diese Winzlinge unter den Pferden beliebt für Showreiten und beim Fahren.

Pony

Vollblut/
Warmblut

Kaltblut

Farb-
rasse

Größe: maximal 85 cm

Beschreibung: Elegante Miniausgabe eines normalen Pferdes, häufig ähneln sie kleinen Arabern. Schwungvolle Gänge und freundlicher Charakter. Alle Farben und Zeichnungen, darunter sogar solche, die man nur bei dieser Rasse findet.

Besondere Eigenschaften: Zierliche Tiere mit viel Kraft und sportlicher Begabung; vom Typ her ähneln sie oft eher Großpferden als Ponys.

Eignung: Showreiten, Fahren, gutes Beistellpferd

HERKUNFT

In den USA entwickelt, ursprünglicher Bestand vermutlich aus England

American Paint Horse

Gescheckte Pferde kamen mit den Spaniern nach Amerika und sind seither sehr beliebt. American Paint Horses gibt es heute überall auf der Welt. Sie sind gefragt als Arbeitspferde und als Turnierpferde erfolgreich in allen Westerndisziplinen.

Pony

Vollblut/
Warmblut

Kaltblut

Farb-
rasse

Größe: ca. 1,45 m – 1,65 m

Beschreibung: Kräftiges Arbeitspferd; auffallende Scheckzeichnung. Die beiden wichtigsten Typen sind der Tobiano (große, regelmäßige Flecken, das Weiß kreuzt die Rückenlinie; häufig weiße Abzeichen an Kopf und Beinen, mehrfarbiger Schweif) und der Overo (unregelmäßige weiße Flecken, die die Rückenlinie nicht kreuzen; häufig große weiße Abzeichen am Kopf; einfarbiger Schweif).

Besondere Eigenschaften: Vielseitigkeit, sportliche Begabung, sanftes Temperament

Eignung: Westernturniersport, Hüte- und Treibarbeit (Rancharbeit), Gelände- und Freizeitreiten

HERKUNFT

Westen der USA

American Quarter Horse

Diese Rasse wurde ursprünglich an der amerikanischen Ostküste als Kurzstrecken-rennpferd gezüchtet. Im Westen der USA hat sie inzwischen ihren Platz gefunden als herausragendes Treib- und Hütepferd mit angeborenem »Cow sense«, dem Gespür für die Arbeit mit Rindern.

Größe: ca. 1,45 m – 1,75 m

Beschreibung: Kurzer, schöner Kopf mit geradem Profil; kleine, aufmerksame Ohren und lebhafte, weit auseinander-stehende Augen; kräftiger, muskulöser Körperbau. Kommt in vielen Farben vor, Füchse sind am häufigsten.

Besondere Eigenschaften: Sehr athletisches und vielseitiges Pferd; außerordentlich schnell über kurze Strecken; dank der kräftigen Hinterhand kann es Blitzstarts hinlegen; am meisten »Cow sense« von allen Pferderassen

Eignung: Hüte- und Treibarbeit (Ranch-arbeit), Kurzstreckenrennen, Western-turniersport

Nordamerika; Ursprung an der Ostküste, als Rasse auf den Ranches in Westamerika weiterentwickelt

Pony

Vollblut/ Warmblut

Kaltblut

Farb-rasse

American Quarter Pony

Die Quarter Ponys sind bekannt für ihr ruhiges Temperament, ihre Schnelligkeit und Geschicklichkeit. Sie sind beliebt als Westernturnierpferde, aber auch ausgezeichnet als Gelände- und Familienpferde geeignet.

Größe: ca. 1,15 m – 1,45 m

Beschreibung: Kleiner, gemeißelter Kopf; in den Augen ist oft das Weiße zu sehen; langer, gebogener Hals und relativ hoher Widerrist; lange, schräge Schulter und viel Gurtentiefe; alle Grundfarben, Falben, Isabellen und Schecken.

Besondere Eigenschaften: Sehr sportliches, schwer bemuskeltes Pony im Arbeitspferdetyp

Eignung: Westernturniersport, Hüte- und Treibarbeit (Rancharbeit)

HERKUNFT

Der erste Züchterverband wurde in Iowa gegründet, doch die Rasse findet man schon lange überall in den USA.

American Saddlebred

Diese wunderschönen Pferde mit der anmutigen Haltung sind lebhaft, aber gleichzeitig sanftmütig und leicht auszubilden. Sie bewegen sich sehr elegant und es ist ein Vergnügen, sie zu reiten oder ihnen zuzusehen.

Pony

Vollblut/ Warmblut

Kaltblut

Farb- rasse

Gangpferd

Größe: ca. 1,50 m – 1,75 m

Beschreibung: Fein gemeißelter Kopf mit kleinen, aufmerksamen Ohren und großen Augen; langer, gebogener Hals; breite Brust; kurzer, starker Rücken und kräftige Hinterhand; alle Farben.

Besondere Eigenschaften: Eleganz und Schönheit; verfügt oft über zwei zusätzliche Gänge, den Slow Gait und den Rack

Eignung: Showreiten (unter dem Reiter und vor dem Wagen); Gelände- und Freizeitreiten

HERKUNFT

Osten der USA, besonders Kentucky

Pony

Vollblut/
Warmblut

Kaltblut

Farb-
rasse

Gangpferd

26

American Walking Pony

Diese Ponys sind absolute Gangwunder. Sie beherrschen von Natur aus den Schritt, den Pleasure Walk, den Merry Walk, den Trab und den Galopp. Manche können darüber hinaus auch noch den Slow Gait und den Rack. In ihnen vereinen sich die Blutlinien von Welsh Ponys und Tennessee Walkern.

Größe: ca. 1,35 m – 1,45 m

Beschreibung: Kleiner, gemeißelter Kopf mit selbstbewussten Augen, in denen das Weiße zu sehen ist; langer gebogener Hals und relativ hoher Widerrist; lange, schräge Schulter und viel Gurtentiefe. Alle Farben, auch Schecken.

Besondere Eigenschaften: Eine Gangpferderasse von großer Schönheit, Vielseitigkeit und sportlicher Begabung; einige Vertreter der Rasse beherrschen sieben Gänge

Eignung: Freizeitreiten, Fahren, Springen, Geländereiten

HERKUNFT

Georgia/USA

Andalusier

Der Andalusier ist nicht nur eine eindrucksvolle Erscheinung, er hat auch ein sanftes und williges Temperament. Wie sein enger Verwandter, der Lusitano, gehört der Andalusier zu den edelsten Rassen der Welt.

Größe: ca. 1,50 m – 1,65 m

Beschreibung: Gerades oder leicht konvexes Profil; sehr eleganter und ausdrucksvoller Kopf; stark gebogener Hals; kräftiger Körperbau; gerundete Kruppe mit niedrig angesetztem Schweif. Alle Grundfarben, am häufigsten sind Braune, Schimmel und Rappen.

Besondere Eigenschaften: Sehr ausgeglichenes Temperament, Eleganz, Geschicklichkeit, Kraft, »Cow sense«

Eignung: Dressur, Freizeitreiten, Ranch- und Vieharbeit, berittener Stierkampf

HERKUNFT

Spanien

Pony

**Vollblut/
Warmblut**

Kaltblut

**Farb-
rasse**

Appaloosa

Diese auffallenden Pferde wurden im 19. Jahrhundert von den Nez-Percé-Indianern gezüchtet. Sie wurden schnell berühmt für ihre Schnelligkeit, ihre Trittsicherheit und große Ausdauer. Mit ihrer ungewöhnlichen Scheckzeichnung ziehen sie überall die Blicke auf sich.

Größe: ca. 1,45 m – 1,65 m

Beschreibung: Die Scheckzeichnung der Appaloosas ist mit Sicherheit ihr auffälligstes Merkmal. Eine der häufigsten Zeichnungen ist der Schabrackentiger (Foto). Die Hufe sind gestreift, die Haut um die Nase, Lippen und Genitalien ist marmoriert.

Besondere Eigenschaften:
Die Kraft und Vielseitigkeit dieser Pferde wird hoch geschätzt.

Eignung: Hüte- und Treibarbeit (Ranch-arbeit), Geländereiten, Westernturnier-sport, Springen und Rennen über mittlere Distanzen

HERKUNFT

Westen des Staates Washington und das östliche Idaho

Araber

Der Araber gehört nicht nur zu den schönsten Pferden der Welt, die Rasse ist auch eine der ältesten überhaupt. Sie ist die am weitesten verbreitete Rasse der Erde und auch am einflussreichsten; sie wurde zur Verbesserung beinahe jeder anderen Pferderasse eingesetzt.

Pony

Vollblut/ Warmblut

Kaltblut

Farb- rasse

Größe: ca. 1,42 m–1,55 m

Beschreibung: Konkaves Profil; große, ausdrucksvolle Augen, breite Stirn, kleines Maul; gebogener Hals; hoch getragener Schweif. Alle Grundfarben, immer mit schwarzer Haut.

Besondere Eigenschaften: Große Schönheit, enorme Ausdauer, schwebende, leichtfüßige Gänge, unermüdlicher Kampfgeist, große Intelligenz

Eignung: Distanzreiten, Freizeitreiten, Showreiten

HERKUNFT

Mittlerer Osten, besonders Iran, Irak, Syrien, Türkei und Jordanien

Azteke

Diese Rasse ist verhältnismäßig neu und vereint die besten Eigenschaften ihrer Ausgangsrassen, des Andalusiers, des Quarter Horse und des mexikanischen Criollo: Schönheit kombiniert mit sportlicher Begabung und idealem Temperament.

Pony

Vollblut/ Warmblut

Kaltblut

Farb-rasse

Größe:
Hengste/Wallache ca. 1,50 m–1,65 m, Stuten ca. 1,45 m–1,65 m

Beschreibung: Schlanker, eleganter Kopf, gebogener Hals, kleine Ohren und intelligente Augen. Alle Grundfarben.

Besondere Eigenschaften:
Temperament, Intelligenz, Geschicklichkeit, Kraft, Eleganz

Eignung: Dressur, Stierkampf, Westernturniersport, Polo und Freizeitreiten

HERKUNFT

Mexiko

Pony

Vollblut/
Warmblut

Kaltblut

Farb-
rasse

Belgisches Kaltblut

Diese Rasse stammt vom Flandrischen Pferd ab, das im Mittelalter als Schlacht-pferd genutzt wurde. Das Belgische Kaltblut wird oft als das gutmütigste aller Zugpferde bezeichnet.

Größe: ca. 1,65 m – 1,85 m

Beschreibung: Gewicht bis über 1 000 Kilo; gerades oder leicht konkaves Profil und kleine Ohren; kräftiger Rumpf; breiter, kurzer Rücken, mächtige Kruppe; starke, schlanke Beine mit Kötenbehang; große Hufe. Normalerweise Füchse mit hellem Langhaar, weißen Fesseln und Blesse.

Besondere Eigenschaften: Kraft und Grazie; hohe Knieaktion; sanftes Temperament, leichtfuttrig

Eignung: Zug- und Feldarbeit, Paraden

HERKUNFT

Belgien

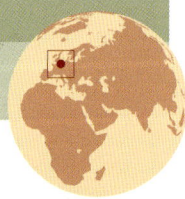

Pony

Vollblut/
Warmblut

Kaltblut

Farb-
rasse

Brabanter

Der kräftige Brabanter ist die schwerste aller Kaltblutrassen. Obwohl er so mächtig ist, ist der Brabanter leichtfuttrig, freundlich und willig. Der Brabanter hat sich über die Jahrhunderte kaum verändert und die Rasse ist im Typ sehr einheitlich.

Größe: ca. 1,55 m–1,75 m

Beschreibung: Großer, aber hübscher Kopf; kurzer, schwer bemuskelter Hals; kräftiger, tiefer Rumpf mit kräftigen Beinen; Gewicht bis zu 1 500 Kilo. Vorwiegend Stichelhaarfüchse, aber auch andere Schattierungen der Stichelhaarigen sowie Dunkelbraune kommen vor.

Besondere Eigenschaften:
Mächtiger Körperbau; ruhiges Temperament

Eignung: Feldarbeit

HERKUNFT

Belgien

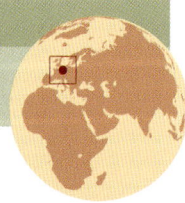

Buckskin

Mit seiner Falbfarbe und den schwarzen Beinen ist der Buckskin eine auffällige Erscheinung. Die meisten Exemplare haben keinen Aalstrich. Der Buckskin ist keine wirkliche Rasse, sondern eher eine Farbzucht.

Pony

Vollblut/
Warmblut

Kaltblut

Farb-
rasse

Deckhaar: Falben in allen Schattierungen von Sandfarben über Creme bis Bronze.

Mähne und Schweif: Schwarz

Haut: Dunkel

Abzeichen: Schwarze Beine, in manchen Fällen schwarzer Aalstrich, weiße Abzeichen eher unerwünscht.

Beschreibung: Buckskins haben kein einheitliches Erscheinungsbild, weswegen ihre Eigenschaften variieren.

Eignung: Unterschiedlich je nach Typ, üblicherweise sehr zäh und ausdauernd

HERKUNFT

Nordamerika; Ursprung an der Ostküste, als Rasse auf den Ranches in Westamerika weiterentwickelt

Canadian Horse

Diese Rasse geht auf die königlichen Pferde des französischen Königs Ludwig XIV. zurück. Gemeinsam mit anderen Pferderassen hat das Canadian Horse viel zur Entwicklung Kanadas beigetragen.

Pony

Vollblut/
Warmblut

Kaltblut

Farb-
rasse

Größe: ca. 1,45 m – 1,65 m

Beschreibung: Kräftig gebaut mit starkem, gebogenem Hals und langem Rumpf; kurzer Kopf, breite Stirn, feines Maul; lange, wellige Mähne und hoch angesetzter Schweif. Meist schwarz oder dunkelbraun.

Besondere Eigenschaften: Zäh und robust, leichtfuttrig

Eignung: Reiten, Springen, Fahren

HERKUNFT

Provinz Quebec, Kanada

Canadian Sport Horse

Diese Rasse wurde speziell für den Pferdesport in den olympischen Disziplinen, für Dressur, Springen und Vielseitigkeit, entwickelt. Die Rasse zeigt raumgreifende, flüssige Gänge in der Dressur und über dem Sprung. Der hier abgebildete Hengst hat offenbar einen Vollbluteinschlag.

Pony

Vollblut/
Warmblut

Kaltblut

Farb-
rasse

Größe: 1,65 m und größer

Beschreibung: Gut proportioniert; große, ruhige Augen; gute Bewegungen. Kommt in den Grundfarben, aber auch als Schecke und Isabelle vor.

Besondere Eigenschaften: Eine sich entwickelnde Rasse großer, solider Pferde mit korrektem Körperbau und flüssigen Bewegungen sowie großem Sprungtalent. Diese Pferde arbeiten sehr willig mit ihrem menschlichen Partner zusammen.

Eignung: Springen, Dressur, Vielseitigkeit, Jagdreiten und Fahren

HERKUNFT

Kanada, vor allem
Ontario

Pony

Vollblut/
Warmblut

Kaltblut

Farb-
rasse

Gangpferd

Cerbat Horse

Viele Exemplare dieser Rasse haben angenehme, weiche Bewegungen, einige beherrschen zusätzliche Gänge. Vermutlich stammen die Cerbat Horses von Pferden ab, die auf den ersten spanischen Expeditionen in den amerikanischen Südwesten ausbrachen oder verloren gingen. Die Rasse ist außergewöhnlich langlebig.

Größe: ca. 1,35 m – 1,45 m

Beschreibung: Hoch stehende Augen, kleine, gebogene Ohren, gerades Profil; viel Gurtentiefe. Meist Braune, Füchse und Stichelhaarfüchse.

Besondere Eigenschaften: Eine vom Aussterben bedrohte Rasse trittsicherer, zäher, sportlicher Pferde; der Körperbau zeigt die Abstammung von den spanischen Pferden; gelegentlich kommen Gangpferde vor

Eignung: Distanzreiten, Geländereiten, Hüte- und Treibarbeit (Rancharbeit) und Freizeitreiten

HERKUNFT

Nordwesten von Arizona/USA; Abstammung von frühen spanischen Pferden

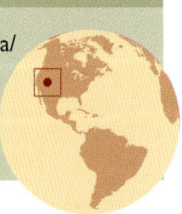

Chincoteague-Pony

Pony

Vollblut/ Warmblut

Kaltblut

Farb- rasse

Es existieren nur noch wenige dieser zähen Ponys, die über Jahrhunderte im unwirtlichen Klima auf den amerikanischen Küsteninseln Assateague und Chincoteague überlebten. Heute leben auf Assategue zwei Herden. Überzählige Tiere werden jedes Jahr versteigert.

Größe: ca. 1,35 m – 1,45 m

Beschreibung: Hübsches Gesicht mit geradem oder leicht konkavem Profil, kleines Maul und große sanfte Augen; gut angesetzte Schulter; dickes Langhaar; gerundete Kruppe, niedrig angesetzter Schweif. Alle Farben, sehr häufig sind Schecken.

Besondere Eigenschaften: Berühmt durch die Erzählungen von Marguerite Henry und als »Werbemittel« für die Freiwillige Feuerwehr von Chingoteague, die verantwortlich für die Ponys ist

Eignung: Freizeitreiten, Jagdreiten, Fahren, Geländereiten, ideales Kinderpferd

HERKUNFT

Assateague, Virginia/USA, ursprünglich möglicherweise aus Spanien

**Vollblut/
Warmblut**

Cleveland Bay

*Der Cleveland Bay gehört zu den ältesten englischen Pferderassen. Es gibt auf der
ganzen Welt jedoch nur noch ungefähr 500 reinrassige Exemplare. Typisch ist der
ruhige, freundliche Ausdruck im Gesicht.*

Größe: ca. 1,60 m–1,70 m

Beschreibung: Großer Kopf mit
konvexem Profil; langer, schlanker Hals,
kräftiges Fundament. Immer braun;
bis auf einen kleinen Stern sind keine
weißen Abzeichen erlaubt.

Besondere Eigenschaften:
Vom Aussterben bedrohte Rasse; große
Einheitlichkeit in Farbe, Aussehen und
Qualität; wurde häufig zur Verbesserung
anderer Rassen benutzt

Eignung: Gutes Reit- und Showpferd,
Dressur, Fahren, häufig Sprungtalent

HERKUNFT

Yorkshire, England

Clydesdale

Diese beeindruckenden Pferde sind Schottlands Stolz. Die Rasse lässt sich in die Mitte des 18. Jahrhunderts zurückverfolgen: Flandrische Hengste wurden mit einheimischen Stuten gekreuzt. Entstanden ist ein schönes, schweres und starkes Arbeitspferd mit viel Aktion in der Bewegung und großer Ausstrahlung.

Pony

Vollblut/ Warmblut

Kaltblut

Farb- rasse

Größe: ca. 1,65 m – 1,85 m

Beschreibung: Breite Stirn, flaches Profil, große Ohren, breites Maul; langer, gebogener Hals und hoher Widerrist; kurzer Rücken; lange Fesseln und große Hufe; meist Braune, aber auch Rappen, Schimmel und manchmal Füchse; häufig sind weiße Abzeichen am Kopf und an den Beinen.

Besondere Eigenschaften: Langer, seidiger Kötenbehang, der sehr hoch am Bein ansetzt; er betont die flüssigen und kräftigen Bewegungen

Eignung: Gespannfahren, Zugarbeit

HERKUNFT

Schottland

Colorado Ranger

Diese Rasse wurde als Arbeitspferd für Ranches gezüchtet und zeigt noch heute die dafür geforderten Eigenschaften sowie sportliche Begabung und ein umgängliches Temperament. Heute kommt der Colorado Ranger als Freizeit- und Turnierpferd, sowohl in Western- als auch in den olympischen Disziplinen, zum Einsatz.

Pony

Vollblut/
Warmblut

Kaltblut

Farb-
rasse

Größe: ca. 1,45 m–1,65 m

Beschreibung: Schön geformter Kopf; langer, muskulöser Hals; flacher Widerrist, schräge Schulter, tiefe Brust und leicht abfallende Kruppe. Viele Colorado Ranger sind Tigerschecken, doch auch die normalen Grundfarben kommen vor. Plattenschecken gibt es nicht.

Besondere Eigenschaften:
Große Ausdauer, sportliche Begabung und »Cow sense«

Eignung: Hüte- und Treibarbeit (Rancharbeit), Freizeit- und Geländereiten, Westernturniersport

HERKUNFT

Die Hochebenen im Osten Colorados/USA

Pony

Vollblut/
Warmblut

Kaltblut

Farb-
rasse

Connemara-Pony

Seit undenkbar langer Zeit leben Ponys in freier Wildbahn an der felsigen Westküste Irlands. Ihr raues Umfeld machte sie robust, geschickt und intelligent. Die modernen Connemaras sind ruhige, besonnene Tiere mit herausragendem Sprungtalent.

Größe: ca. 1,35 m – 1,45 m

Beschreibung: Wohlgeformter Kopf mit geradem Profil, kleinen Ohren und großen Augen; langer Hals mit voller Mähne und ausgeprägtem Widerrist; langer Rücken mit leicht abfallender Kruppe. Meistens Schimmel oder Falben, aber auch Braune, Rappen, Füchse und Isabellen.

Besondere Eigenschaften: Robustheit, Ausdauer, großes Sprungtalent

Eignung: Springen, Jagdreiten, Dressur, Vielseitigkeit, Fahren, Geländereiten und sogar leichte Zugarbeiten; ideales Kinderpferd

HERKUNFT

Westirland

Dales-Pony

Diese Ponys wurden ursprünglich als Lasttiere für Bleiminen gezüchtet. Heute sieht man das Dales-Pony in vielen Sparten des Reitsports, so zum Beispiel in der Dressur, beim Fahren und im Gelände. Es wird für seine herausragenden dynamischen Bewegungen geschätzt.

Pony

Vollblut/
Warmblut

Kaltblut

Farb-
rasse

Größe: ca. 1,40 m – 1,45 m

Beschreibung: Breite Stirn mit langem Stirnschopf; langer, starker Hals mit manchmal etwas steiler Schulter; kurzer Rumpf; kräftige Kruppe; üppige Mähne und sehr langer Schweif. Gewöhnlich Rappen oder Braune, manchmal auch Schimmel; gelegentlich mit Stern oder Schnippe oder weißen Fesseln an den Hinterbeinen.

Besondere Eigenschaften:
Kräftig, aber leicht zu lenken, hervorragende Gangarten

Eignung: Dressur, Jagdreiten, Geländereiten, Fahren; ideales Kinderpferd

HERKUNFT

Nordengland

Pony

Vollblut/
Warmblut

Kaltblut

Farb-
rasse

Dartmoor-Pony

Jahrhundertelang zog diese Rasse die Karren in den Zinnminen von Dartmoor. Das Dartmoor-Pony ist trittsicher, ruhig und freundlich, dazu vielseitig: Sowohl als Springpferd als auch vor dem Wagen überzeugt es mit flüssigen und raumgreifenden Gängen.

Größe: ca. 1,20 m – 1,25 m

Beschreibung: Kleiner, gut proportionierter Kopf mit markanten Augen, kleinen Ohren und großen Nüstern; starker Hals und schräge Schultern; struppiges Fell; kräftige Hinterhand, sehr üppiger, hoch angesetzter Schweif. Gewöhnlich braun oder schwarz, aber auch die anderen Grundfarben kommen vor.

Besondere Eigenschaften: Seltene Rasse, weltweit gibt es nur ungefähr 5000 – 7000 Tiere

Eignung: Kinderpferd, Springen, Fahren

HERKUNFT

Südwestengland

Englisches Vollblut

Keine andere Rasse kombiniert Schnelligkeit, Ausdauer und Herz so wie das Englische Vollblut. Die Abstammung kann bei jedem Pferd auf drei Araberhengste aus dem 17. Jahrhundert zurückgeführt werden: Godolphin Arabian, Byerly Turk und Darley Arabian.

Größe: ca. 1,50 m – 1,75 m

Beschreibung: Kleiner, edler Kopf mit geradem Profil und großen Augen; sehr langer Hals und schräge, muskulöse Schulter; ausgeprägter Widerrist und langer Rücken; abfallende Kruppe mit hohem Schweifansatz; feines, seidiges Fell. Alle Grundfarben, sehr selten Schecken.

Besondere Eigenschaften: Schnelligkeit, Anmut, Mut, Willigkeit

Eignung: Pferderennen, Polo, Jagdreiten, Springen, Vielseitigkeit, Showreiten

HERKUNFT

England

Pony

Vollblut/ Warmblut

Kaltblut

Farbrasse

Esel

Die Intelligenz, Geschicklichkeit und Widerstandsfähigkeit der Esel sichern ihnen einen Platz in der Geschichte des Menschen. In vielen Teilen der Welt kommen sie immer noch als Last-, Fahr- und Zugtiere zum Einsatz.

Pony

Vollblut/
Warmblut

Kaltblut

Farb-
rasse

Größe: je nach Rasse 90 cm bis 1,65 m

Beschreibung: Langer Kopf, große Augen und sehr lange Ohren; kurzer, stark aufgerichteter Hals und flacher Widerrist; eckiger Körper mit schmaler Brust und flachen Seiten; kleine, schmale Hufe; spärliche Stehmähne, kuhartiger Schwanz. Meist schwarz, grau oder weiß; helles Maul und helle Augenringe; häufig sind Aalstrich, Schulterstreifen und dunkle Beine.

Besondere Eigenschaften:
Hitzeunempfindlich, trittsicher, für seine Größe sehr stark, normalerweise freundlich, kann aber auch stur sein

Eignung: Last- und Zugtier, gutes Beistelltier für Pferde

HERKUNFT

Nubien (Sudan),
Nordafrika

Exmoor-Pony

Fossilien beweisen, dass ein Pony, das dem Exmoor-Pony sehr ähnlich sah, vor einer Million Jahren auf der Erde weit verbreitet war. Die heutigen Exmoor-Ponys stammen alle von Tieren ab, die wild in den englischen Mooren aufwuchsen, und sehen sich alle ziemlich ähnlich.

Pony

Vollblut/
Warmblut

Kaltblut

Farb-
rasse

Größe: ca. 1,15 m – 1,25 m

Beschreibung: Stämmig und kräftig, mit tiefer Brust und viel Gurtentiefe; kleine, spitze Ohren; markante Augen; große Nüstern. Immer braun mit dunklen Beinen und mehlfarbener Maul- und Augenpartie.

Besondere Eigenschaften: Das Winterfell ist stark wasserabweisend: Das grobe, fettige äußere Haarkleid schützt ein weiches, elastisches Unterfell.

Eignung: Kinderpferd, Fahren, Distanzreiten, therapeutisches Reiten

HERKUNFT

Die abgelegenen Moore im Südwesten Englands

Fell-Pony

Der Einfluss friesischer Vorfahren ist dem hübschen Fell-Pony deutlich anzusehen. Diese Rasse ist vielseitig, sportlich, zäh, freundlich und intelligent. Fell-Ponys weisen ausgezeichnete Gänge auf und sind oft gute Springer.

Pony

Vollblut/ Warmblut

Kaltblut

Farb- rasse

Größe: ca. 1,35 m – 1,42 m

Beschreibung: Kleiner, fein gemeißelter Kopf mit geradem Profil und breiter Stirn und Nase; markante Augen und kleine Ohren; starker Hals, etwas steile Schulter und kräftiger Rumpf; schweres, volles Langhaar; kurze, abfallende Kruppe; starke Beine. Meist schwarz, manchmal auch Braune oder Schimmel; nur kleine weiße Abzeichen.

Besondere Eigenschaften: Trittsicher, freundlich, hervorragende Gänge, große Ausdauer; trotz seiner geringen Größe in der Lage, Erwachsene zu tragen

Eignung: Geländereiten, Fahren, Springen

HERKUNFT

Nordengland

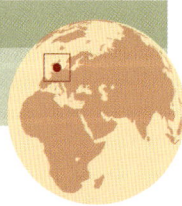

Pony

**Vollblut/
Warmblut**

Kaltblut

**Farb-
rasse**

Gangpferd

Florida Cracker

Die frühen amerikanischen Viehtreiber ritten kleine Pferde und knallten (englisch: crack) mit Peitschen, um das Vieh anzutreiben – daher der Name der Rasse. Cracker sind Gangpferde; in allen Gangarten haben sie großen Raumgriff und sind sehr bequem für den Reiter.

Größe: ca. 1,35 m – 1,52 m

Beschreibung: Kleines, bequemes Pferd, außerordentlich schnell und geschickt; gerades oder leicht konvexes Profil; Hals ungefähr so lang wie der Abstand zwischen Widerrist und Kruppe; abfallende Kruppe und mittel bis tief angesetzter Schweif. Kommt in allen Farben vor, besonders häufig sind Braune, Rappen und Schimmel.

Besondere Eigenschaften:
Eine sehr seltene Gangpferderasse mit viel »Cow sense«

Eignung: Rancharbeit, Distanzreiten, Geländereiten, Westerndisziplinen

HERKUNFT

Südosten der Vereinigten Staaten; stammt von frühen spanischen Pferden ab

Friese

Der pechschwarze Friese ist unverkennbar. Der edle Kopf auf dem eleganten, gebogenen Hals, der üppige Kötenbehang und das volle Langhaar sind typisch für diese Rasse. Man nennt die Friesen auch »schwarze Perlen«.

Pony

Vollblut/
Warmblut

Kaltblut

Farb-
rasse

Größe: ca. 1,50 m – 1,75 m

Beschreibung: Ein gut gebautes, kräftiges Pferd, das mit seinem prachtvollen Aussehen beeindruckt; relativ kleiner Kopf mit geradem Profil; schwanenartiger Hals, der hoch getragen wird; leicht abfallende Kruppe; Kötenbehang und üppiges Langhaar. Immer schwarz, manchmal mit einem kleinen weißen Stern.

Besondere Eigenschaften: Königliche Haltung, die pechschwarze Farbe

Eignung: Fahren, Dressur und anspruchsvolles Freizeitreiten

HERKUNFT

Friesland
(Nordseeküste)

Pony

Vollblut/
Warmblut

Kaltblut

Farb-
rasse

Gangpferd

74

Galiceno-Pony

Diese sehr alte und seltene Rasse hübscher kleiner Pferde ist recht unbekannt. Die geschickten Galicenos mit den weichen Gängen entwickeln besonders starke Beziehungen zum Menschen.

Größe: ca. 1,20 m – 1,45 m

Beschreibung: Breite Stirnpartie, kleines Maul, spitze Ohren; dicke Mähne, häufig als Doppelmähne, gebogener Hals; ausgeprägter Widerrist und schräge Schulter; leicht abfallende Kruppe, niedrig angesetzter, langer und voller Schweif. Alle Farben, keine Schecken oder Albinos.

Besondere Eigenschaften:
Eine sehr seltene Gangpferderasse;

Charakter, Aussehen, Mut und Ausdauer erinnern an andere spanische Rassen

Eignung: Gelände- und Distanzreiten, Westernturniersport

HERKUNFT

Nordwesten
von Spanien

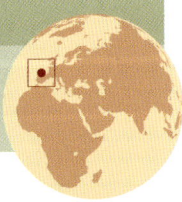

Pony

Gotland-Pony

Diese sehr alte Rasse hat sich über die Jahrhunderte nur wenig verändert. Gotland-Ponys haben ausgezeichnete Bewegungen und können ihren raumgreifenden Trab leicht über sehr lange Zeit durchhalten.

Größe: ca. 1,20 m – 1,42 m

Beschreibung: Gerader Kopf mit kleinen Ohren, breiter Stirn und weit auseinanderliegenden Augen; kurzer muskulöser Hals, ausgeprägter Widerrist, langer Rücken und leicht abfallende Kruppe; volles Langhaar und sehr dichtes Winterfell. Alle Grundfarben, häufig sind Rappen und vor allem Falben aller Schattierungen. Der Aalstrich kommt oft vor.

Besondere Eigenschaften: Eine alte, inzwischen seltene Rasse kräftiger Ponys. Typisch sind ihre »primitiven« Farben und Abzeichen, die an Wildpferde erinnern.

Eignung: Fahren, Springen, Kinderpferd

HERKUNFT

Gotland, Schweden

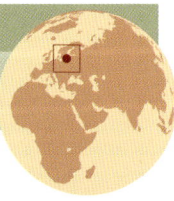

Hackney

Der Hackney ist kräftig gebaut mit steiler Schulter und starken Beinen. Er hat gute Gangarten, ist aber besonders auf einen spektakulären Trab hin gezüchtet. Er ist vor allem als Fahrpferd berühmt, gibt aber auch ein gutes Reit- und Springpferd ab.

Größe: ca. 1,45 m – 1,65 m

Beschreibung: Kleiner Kopf; langer Hals und breite Brust; kräftiger Körper mit steiler Schulter, gerader Kruppe und hoch angesetztem Schweif. Rappen, Braune und Füchse, manchmal mit weißen Abzeichen an Kopf und Beinen.

Besondere Eigenschaften: Herausragendes Fahrpferd mit großer Ausdauer und Zuverlässigkeit, berühmt für die hohe Trabaktion

Eignung: Fahren, Springen, Verbesserung anderer Rassen

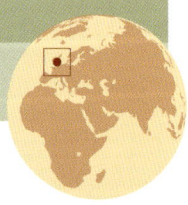

HERKUNFT

England

Hackney-Pony

Pony

Vollblut/
Warmblut

Kaltblut

Farb-
rasse

In den 1870ern wurden Traberrassen mit Fell- und Welsh-Ponys gekreuzt; aus diesen Kreuzungen entstand das Hackney-Pony. Die Rasse ist besonders für ihre Güte als Fahrpferd bekannt, doch sie ist auch in allen olympischen Pferdesportarten und in Westerndisziplinen erfolgreich.

Größe: ca. 1,25 m – 1,45 m

Beschreibung: Leichter, langer Kopf mit geradem oder leicht konvexem Profil; große Augen, kleine Ohren; gebogener Hals; kurzer Rücken und lange Kruppe mit hoch angesetztem Schweif. Gewöhnlich Braune und Rappen, gelegentlich Füchse und Schimmel; nur wenige kleine weiße Abzeichen.

Besondere Eigenschaften: Temperamentvolles Pony mit starker Ausstrahlung, großartiger Knieaktion und großer Ausdauer

Eignung: Fahren, Jagdreiten, Geländereiten, Vielseitigkeit, Westernturniersport

HERKUNFT

Nordengland

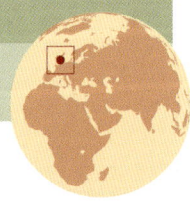

Haflinger

Pony

Diese Rasse entstand aus Kreuzungen von Arabern mit Alpenponys. Von ihnen sagt man, sie seien »vorn Prinzen und hinten Bauern« wegen ihrer wunderschönen Köpfe und muskulösen Hinterhand.

Vollblut/ Warmblut

Kaltblut

Farb- rasse

Größe: ca. 1,30 m – 1,45 m

Beschreibung: Kräftig, aber gleichzeitig elegant und edel; kleiner Kopf, dem man häufig den arabischen Einfluss ansieht; leicht abfallende Kruppe. Immer Füchse aller Farbschattierungen mit flachsfarbenem bis weißem Langhaar.

Besondere Eigenschaften: Hübsches, stämmiges, kleines, außerordentlich langlebiges Pferd mit sehr gutem Charakter; rhythmische und raumgreifende Gänge, große Trittsicherheit

Eignung: Fahren, Freizeitreiten, Feldarbeit, Dressur in den unteren Klassen, Vielseitigkeit, Springen, Familienpferd

HERKUNFT

Tirol (Österreich und Italien)

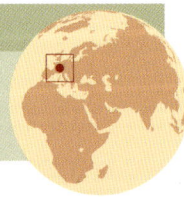

Hannoveraner

Der Hannoveraner stammt von kräftigen deutschen Militär- und Bauernpferden ab. Er ist ein Sportpferd der Weltklasse; die Rasse kann zahlreiche olympische Medaillen verbuchen und ist die beliebteste Warmblutrasse der Welt.

Pony

Vollblut/
Warmblut

Kaltblut

Farb-
rasse

Größe: ca. 1,65 m – 1,75 m

Beschreibung: Gutes Knochengerüst und Bemuskelung im Verhältnis zur Größe; gerades Profil; langer muskulöser Hals; kräftige Schultern und starke Hinterhand; langer Rücken; ausgezeichnete Beine. Alle Grundfarben, Füchse sind besonders häufig.

Besondere Eigenschaften: Großartiges Bewegungstalent, große Sporteignung

Eignung: Springen, Dressur, Gespannfahren, Showreiten

HERKUNFT

Deutschland

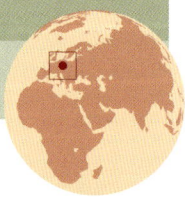

Pony

Vollblut/
Warmblut

Kaltblut

Farb-
rasse

Holsteiner

Diese Rasse wurde ursprünglich entwickelt, um Kutschen, Geschütze und Pflüge zu ziehen. Heute ist der Holsteiner durch sorgfältige Zucht zu einem ausgezeichneten Sportpferd geworden, das in den schwierigsten Prüfungen erfolgreich ist.

Größe: ca. 1,65 m – 1,75 m

Beschreibung: Ausdrucksvolles Gesicht; groß mit tiefem Rumpf, kurzer Rücken; gutes Fundament. Häufig Braune und Rappen, aber auch die anderen Grundfarben kommen vor; oft mit weißen Abzeichen.

Besondere Eigenschaften: Kraft, hervorragende Bewegungen, herausragendes Sprungtalent, beeindruckende Erscheinung

Eignung: Dressur, Springen und Gespannfahren

HERKUNFT

Deutschland

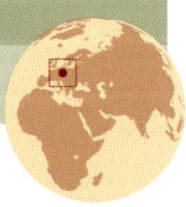

Irish Draught

Größe: ca. 1,55 m – 1,75 m

Beschreibung: Wohlgeformter Kopf mit geradem Profil, breiter Stirn und langen Ohren; hoch angesetzter Hals, gut ausgeprägter Widerrist und viel Gurtentiefe; leicht abfallende Kruppe. Alle Farben, besonders häufig sind Schimmel und Füchse; oft weiße Abzeichen am Kopf und an den Beinen.

Besondere Eigenschaften: Große Einheitlichkeit im Typ, ausgezeichnete Gänge, sanfter Charakter, Sprungtalent

Eignung: Springen, Jagdreiten, Fahren, Dressur, Vielseitigkeit, Verbesserung anderer Rassen

HERKUNFT

Irland

Isländer

Diese zähen kleinen Pferde sehen praktisch genauso aus wie die, die vor über 1000 Jahren mit den Wikingern in Island eintrafen. Seither wurde der Isländer mit keiner anderen Rasse gekreuzt. Viele Isländer sind Vier- oder Fünfgänger.

Pony

Vollblut/ Warmblut

Kaltblut

Farb- rasse

Gangpferd

Größe: ca. 1,25 m–1,45 m

Beschreibung: Rechteckig und gut proportioniert; ausdrucksvoller Kopf mit geradem Profil; langer Hals auf schräger Schulter; breite, muskulöse Kruppe. Alle Farben und Zeichnungen.

Besondere Eigenschaften: Eine kleine, aber starke und ausdauernde, sehr langlebige und zähe Gangpferderasse, die problemlos Erwachsene tragen kann; bekannt für den bequemen Tölt und den Rennpass

Eignung: Gelände- und Wanderreiten, Distanzreiten

HERKUNFT

Island, stammt von den Pferden der Wikinger und Kelten ab

Kaspisches Kleinpferd

Diese sehr alte Rasse ist eng mit dem Araber verwandt und könnte ein Vorfahre der heutigen Vollblüter sein. Das Kaspische Kleinpferd ist außerordentlich sanftmütig. Die Rasse verfügt über hervorragendes Sprungtalent und bringt ausgezeichnete Fahrpferde hervor.

Größe: ca. 1,00 m – 1,20 m

Beschreibung: Zierlich und schön, aber außerordentlich zäh und ausdauernd; kurzer Kopf mit kleinen Ohren, kleines Maul; ausgeprägter Widerrist. Meistens braun; auch Füchse, Rappen, Schimmel und Falben kommen vor, niemals jedoch Schecken.

Besondere Eigenschaften: Kleines, schönes und leicht gebautes Pferd, leicht zu lenken, überraschend kräftig und sportlich, sehr temperamentvoll

Eignung: Fahren, Springen, elegantes und zuverlässiges Kinderpferd

HERKUNFT

Eine sehr alte Rasse, die 1965 im Norden des Iran wiederentdeckt wurde

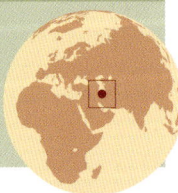

Pony

Vollblut/
Warmblut

Kaltblut

Farb-
rasse

Gangpferd

94

Kentucky Mountain Saddle Horse

Dieses kleine, kräftige Pferd wurde von den Bauern im Osten Kentuckys entwickelt; es geht vermutlich auf den frühen Narragansett Pacer aus den Kolonialzeiten zurück. Diese freundlichen bequemen Pferde sind ausgezeichnet fürs Gelände- und Freizeitreiten geeignet.

Größe: ca. 1,20 m – 1,55 m

Beschreibung: Ein kleines, stämmiges, freundliches, leichtfuttriges Pferd mit weichen Gängen; aufmerksame Augen und gerades Profil; breite, tiefe Brust; üppiges Langhaar. Alle Farben, keine Schecken.

Besondere Eigenschaften: Kleines bis mittelgroßes Gangpferd, bekannt für seine Trittsicherheit, Ausdauer und die Fähigkeit, seinen Reiter sicher und bequem über sehr schwierigen Boden zu tragen

Eignung: Geländereiten, Familienpferd, Feldarbeit

HERKUNFT

Osten von
Kentucky/USA

Pony

Vollblut/
Warmblut

Kaltblut

Farb-
rasse

Kerry Bog Pony

Die starken, intelligenten und begabten Kerry Bog Ponys geben hervorragende Turnierponys für junge Reiter ab. Sie eignen sich gut für Reiter mit körperlichen Behinderungen und sind wunderbare Fahrpferde und Gefährten.

Größe: ca. 1,00 m – 1,12 m

Beschreibung: Eleganter Typ; gerades oder leicht konkaves Profil, kleine Ohren, große Augen; tiefe Brust und kurzer Rücken; steile Fesselung, kurze Röhren; dichtes Winterfell. Alle Farben außer Schecken, häufig ist flachsfarbenes Langhaar; oft sieht man weiße Abzeichen an Kopf und Beinen.

Besondere Eigenschaften: Freundliches, trittsicheres Pony mit guten, flachen Gängen und großer Ausdauer; gut angepasst an die Arbeit auf sumpfigem Boden

Eignung: Ideales Kinderpony für Anfänger und auch den Turniersport, Fahren, therapeutisches Reiten

HERKUNFT

Irland

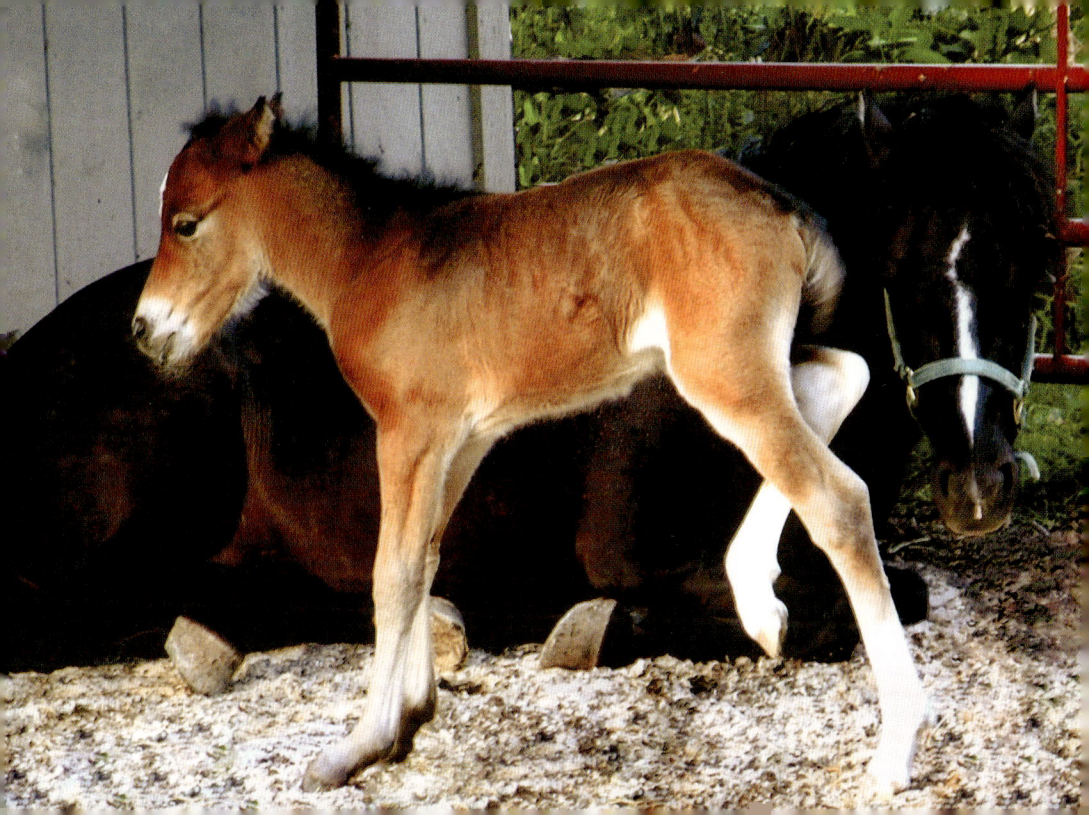

Pony

**Vollblut/
Warmblut**

Kaltblut

**Farb-
rasse**

Kiger Mustang

*Diese Rasse wilder Mustangs ist eng mit den frühen spanischen Pferden verwandt;
sie überlebte in den abgeschiedenen Bergen im Südosten von Oregon/USA und
wurde erst 1977 entdeckt. Die Rasse ist in freier Wildbahn vom Aussterben bedroht,
es existieren nur noch zwei kleine Herden.*

Größe: ca. 1,42 m – 1,55 m

Beschreibung: Klassischer spanischer
Kopf mit geradem oder leicht konvexem Profil; hoch liegende, mandelförmige
Augen; ausgeprägter Widerrist, kurzer
Rücken und leicht abfallende Kruppe
mit niedrig angesetztem Schweif. Meist
ist der Kiger hellbraun; auch dunklere
Braune, Falben, Schimmel und Rappen
kommen gelegentlich vor; häufig sind
ein Aalstrich und Zebrastreifen an den
Beinen.

Besondere Eigenschaften:
Gelegentlich zusätzliche Gänge

Eignung: Hüte- und Treibarbeit, Distanzreiten, Gelände- und Freizeitreiten

HERKUNFT

Entdeckt in den Kiger
Mountains im Osten
Oregons; genetisch auf
die frühen spanischen
Pferde zurückzuführen

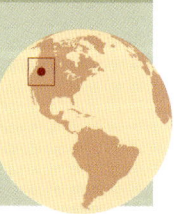

Pony

Kaltblut

Farb-
rasse

Lac La Croix Indian Pony

Diese Rasse wurde in den späten 1970ern vor dem Aussterben gerettet; möglicherweise stammt sie vom Canadian Horse und vom spanischen Mustang ab. Charakteristisch sind der bequeme Trab und Galopp, große Ausdauer, Intelligenz und Neugier.

Größe: Stuten ca. 1,20 m–1,25 m, Hengste ca. 1,25 m–1,35 m

Beschreibung: Klein, mit breitem, spitz zulaufendem Kopf; kleine, stark behaarte Ohren; lange Röhren mit leichtem Behang; üppiges Langhaar; niedriger Widerrist, gerader Rücken und abfallende Kruppe mit niedrig angesetztem Schweif. Alle Farben außer Isabellen und Schimmeln, besonders häufig sind Braune, Rappen und Falben aller Schattierungen.

Besondere Eigenschaften:

Trittsicherheit, Intelligenz, Willigkeit und Freundlichkeit gegenüber Menschen

Eignung: Fahren, Reiten; geeignet als Anfänger- und Therapiepferd

HERKUNFT

Ojibwa-Nation, besonders Minnesota und Norden von Ontario

Vollblut/ Warmblut

Kaltblut

Farb- rasse

Lipizzaner

Die Lipizzaner sind besonders als Dressurpferde berühmt, sie eignen sich aber auch zum Springen und als Freizeitpferde und machen vor der Kutsche eine gute Figur. Sie gleichen den spanischen Pferden zu Kolumbus' Zeiten.

Größe: ca. 1,50 m – 1,55 m

Beschreibung: Klein, elegant und stolz; langer Kopf mit viel Ausdruck und geradem oder leicht konvexem Profil; hohe Knieaktion; gebogener Hals, flacher Widerrist und langer Rücken; kurze, leicht abfallende Kruppe mit hoch an- gesetztem Schweif. Fast ausschließlich Schimmel, gelegentlich Rappen oder Braune. Als Rasse im Typ sehr einheitlich.

Besondere Eigenschaften: Viel Ausdruck im Gesicht; herausragende Begabung für die klassische Dressur bis zur Hohen Schule

Eignung: Dressur, Freizeitreiten, Fahren

HERKUNFT

Entwickelt in Lipica (Slowenien) aus spanischen Blutlinien

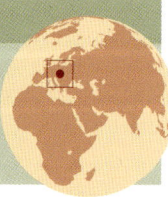

Lusitano

Der Lusitano ist das beliebteste Reitpferd in Portugal; er wird geschätzt für seinen sanften Charakter, seine Schönheit und seine hervorragenden Gänge. Er ist eng mit dem Andalusier verwandt.

Pony

**Vollblut/
Warmblut**

Kaltblut

Farb-
rasse

Größe: ca. 1,52 m–1,65 m

Beschreibung: Stark und muskulös mit breiter Brust und kurzem Rücken; eleganter Kopf mit geradem oder leicht konvexem Profil; gebogener Hals. Alle Grundfarben.

Besondere Eigenschaften:
Außerordentlich ausgeglichenes Temperament, Eleganz, Geschicklichkeit, Kraft, »Cow sense«

Eignung: Dressur, Gelände- und Freizeitreiten, Ranch- und Vieharbeit, berittener Stierkampf

HERKUNFT

Portugal

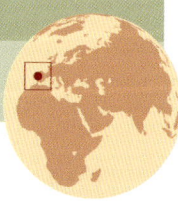

Pony

Mangalarga Marchador

Als Napoleon 1807 gegen Portugal vorrückte, floh die königliche Familie nach Brasilien und nahm einige der besten Pferde mit. Dort entwickelten Züchter den außergewöhnlichen Mangalarga.

Größe: ca. 1,45 m – 1,55 m

Beschreibung: Dreieckiger Kopf mit breiter Stirn; feines Maul und gerades Profil; nach innen gerichtete Ohren; tiefe Brust, lange, leicht abfallende Kruppe, kräftige Hinterhand. Meist Braune, Schimmel und Füchse.

Besondere Eigenschaften:
Beherrscht als zusätzliche Gangart die Marcha, bei der sich immer zwei oder drei Beine auf dem Boden befinden.

Einige Mangalargas gehen dafür keinen Trab.

Eignung: Hüte- und Treibarbeit, Distanzreiten, Gelände- und Freizeitreiten; gut geeignet für Reiter mit Knie- oder Rückenproblemen

HERKUNFT

Entwickelt in Brasilien, geht auf portugiesische Pferde zurück

Marwari

Diese drahtige Rasse ist an das Leben in der Wüste angepasst; ihre Haut strahlt Hitze gut ab und die langen Wimpern schützen ihre Augen vor Sandstürmen. Ihre einmaligen, nach innen gedrehten, sichelförmigen Ohren, die sich manchmal sogar berühren, sind typisch für die Rasse.

Größe: ca. 1,45 m–1,55 m

Beschreibung: Kompakter Körperbau mit steiler Schulter; lange Beine; Kopf mit auffallenden Augen und geradem oder leicht konvexem Profil; Ohren nach innen gedreht; hoch angesetzter Hals; lange Kruppe mit hoch angesetztem Schweif. Schimmel werden am meisten geschätzt; aber auch die anderen Farben außer Füchsen kommen vor.

Besondere Eigenschaften: Eine sehr seltene Rasse mit kühner, etwas hochmütiger Ausstrahlung; gelegentlich kommen Gangpferde vor

Eignung: Distanzreiten, anspruchsvolles Freizeitreiten, Dressur

HERKUNFT

Nordwesten von Indien

Pony

Vollblut/
Warmblut

Kaltblut

Farb-
rasse

110

Maultier und Maulesel

Maultiere und Maulesel sind vielseitige, starke, zähe, intelligente Tiere. Maultiere haben einen Eselhengst zum Vater und eine Pferdestute zur Mutter, bei Mauleseln ist es umgekehrt. Maultiere und Maulesel können sich nicht fortpflanzen.

Größe: je nach Ausgangsrassen 90 cm – 1,75 m

Beschreibung: Zeigt Eigenschaften von Pferden und Eseln. Das Aussehen hängt von den Rassen der Eltern ab.

Besondere Eigenschaften: Große Kraft, fast unbegrenzte Belastungsfähigkeit, Intelligenz, Hitzeunempfindlichkeit, Trittsicherheit, gutes Sehvermögen bei Nacht, starker Selbsterhaltungstrieb

Eignung: Feldarbeit, Fahren, Freizeitreiten, Lasttier

HERKUNFT

Mittlerer Osten

Pony

Vollblut/ Warmblut

Kaltblut

Farb- rasse

Gangpferd

112

McCurdy Plantation Horse

Nach dem Amerikanischen Bürgerkrieg (1861–1865) begannen die McCurdy-Brüder aus Alabama mit der Zucht dieser willigen, ausdauernden, vielseitigen Gangpferde; viele von ihnen haben ausgezeichneten »Cow sense«. Die für die Rasse typische weiche Viertaktgangart heißt McCurdy Lick.

Größe: ca. 1,45 m – 1,65 m

Beschreibung: Normalerweise edles Aussehen; breite Brust, kurzer Rücken und runde Hüften; volles Langhaar. Häufig Schimmel, aber auch alle anderen Grundfarben und Stichelhaarige; häufig weiße Abzeichen an Kopf und Beinen.

Besondere Eigenschaften: Neben dem McCurdy Lick beherrscht diese Rasse noch weitere Sondergangarten: den Flat Walk, den Running Walk, den Natural Rack und den Stepping Pace

Eignung: Gelände- und Freizeitreiten, Jagdreiten

HERKUNFT

Alabama/USA

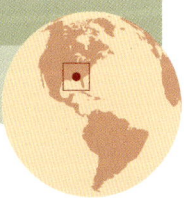

Missouri Fox Trotter

Diese vielseitige und sportliche Rasse ist am meisten für die Sondergangart Foxtrott bekannt; sie hat jedoch noch mehr zu bieten. Sie gibt hervorragende Ranchpferde und gute Kinderpferde ab. Der Missouri Fox Trotter ist freundlich und bequem.

Pony

Vollblut/ Warmblut

Kaltblut

Farb- rasse

Gangpferd

Größe: ca. 1,40 m – 1,65 m

Beschreibung: Gut proportionierter Kopf mit geradem Profil; ausgeprägter Widerrist, kurzer Rücken und hoch angesetzter Schweif. Alle Farben, auch Schecken; häufig Isabellen; weiße Abzeichen an Kopf und Beinen sind häufig.

Besondere Eigenschaften:
Die Rasse ist für die Gangart Foxtrott berühmt. Es handelt sich um eine rhythmische Viertaktgangart.

Eignung: Hüte- und Treibarbeit (Ranch-arbeit), Geländereiten, therapeutisches Reiten, Westernturniersport

HERKUNFT

Ozark Mountains in Missouri/USA

Morab

Diese beeindruckend schöne Rasse ist eine Kreuzung zwischen Morgan und Araber. 1973 wurde das erste Zuchtbuch eröffnet. Morabs sind leicht auszubilden und langlebig, aber eher »Spätzünder« in ihrer Entwicklung.

Größe: ca. 1,45 m – 1,55 m

Beschreibung: Kräftig und muskulös; edler Kopf mit leicht konkavem Profil, große ausdrucksvolle Augen; schwerer, aber edler Hals; seidige Mähne; gerade Kruppe mit hoch angesetztem Schweif. Alle Grundfarben, Falben und Isabellen.

Besondere Eigenschaften: Ruhiges Temperament, Kraft, Empfindsamkeit, hervorragende, freie Gänge

Eignung: Familien- und Freizeitpferd, Geländereiten, Fahren, Springen und Showreiten

HERKUNFT

New England bis Kentucky, Texas bis Kalifornien/ USA

Pony

Vollblut/ Warmblut

Kaltblut

Farbrasse

Morgan

Justin Morgan, ein Musiklehrer aus Vermont, besaß Ende des 18. Jahrhunderts einen recht kleinen braunen Hengst namens Figure. Sein legendäres Herz und seine herausragenden Gänge vererbte er an seine Nachkommen; die Rasse aber wurde nach seinem Besitzer benannt.

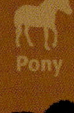

Vollblut/ Warmblut

Kaltblut

Farb- rasse

Größe: ca. 1,43 m – 1,55 m

Beschreibung: Gebogener Hals; schräge Schultern und ausgeprägter Widerrist; sehr tiefe Brust; breiter, kurzer Rücken und stark bemuskelte Hinterhand. Meist Braune, Rappen und Füchse, gelegentlich auch Schimmel, Isabellen und Falben.

Besondere Eigenschaften: Außerordentliche Kraft, Stehvermögen, Zuverlässigkeit und Vielseitigkeit

Eignung: Turniersport, dort in fast allen Disziplinen erfolgreich, von Dressur und Springen zu Westerndisziplinen

HERKUNFT

Vermont/USA

Pony

**Vollblut/
Warmblut**

Kaltblut

**Farb-
rasse**

Moyle Horse

Mormonische Siedler entwickelten diese Rasse Mitte des 19. Jahrhunderts. Die Moyle Horses wurden genutzt, um lange Strecken zurückzulegen, und in der Hüte- und Treibarbeit (Rancharbeit) und für kurze Zeit auch für den Postdienst »Mormon Pony Express« eingesetzt. Sie sind unglaublich ausdauernd.

Größe: ca. 1,45 m – 1,55 m

Beschreibung: Bei einigen Exemplaren kleiner Knochenwulst über den Augen; tiefe Brust, weit vorn gelagerte Vorderbeine; lange Muskeln, langer Rumpf; dichtes Fell.

Besondere Eigenschaften:
Praktisch unermüdlich

Eignung: Distanzreiten, Geländereiten

HERKUNFT

Idaho/USA

Mustang

Diese zähe und ausdauernde Wildpferderasse spiegelt die Geschichte und die Einflüsse der vielen Völker wider, die an der Erschließung des amerikanischen Westens beteiligt waren. Der Name der Rasse kommt vom lateinischen mixtura, was »Mischung« bedeutet.

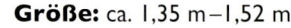

Größe: ca. 1,35 m–1,52 m

Beschreibung: Drahtig und zäh; häufig mit spanischen Merkmalen, zum Beispiel konvexem Profil, gebogenem Hals, schmaler Brust, kurzem Rücken und tief angesetztem Schweif. Alle Farben.

Besondere Eigenschaften: Zähigkeit, Intelligenz, Anpassungsfähigkeit

Eignung: Geländereiten, Distanzreiten, Hüte- und Treibarbeit (Rancharbeit)

HERKUNFT

Nordamerika, besonders die Great Plains

Pony

Vollblut/ Warmblut

Kaltblut

Farbrasse

Pony

Vollblut/
Warmblut

Kaltblut

Farb-
rasse

National Show Horse

Diese recht neue Rasse kombiniert die besten Eigenschaften des Arabers und des American Saddlebred. Die herausragenden Bewegungen sind ein Erbe des Saddlebred, der Araber steuert Adel und Schönheit bei.

Größe: ca. 1,50 m – 1,65 m

Beschreibung: Kleiner, edler Kopf mit geradem oder leicht konkavem Profil; sehr langer, aufrechter, hoch angesetzter Hals; ausgeprägter Widerrist; kurzer, gerader Rücken; fließender, hoch angesetzter Schweif. Alle Farben, auch Schecken.

Besondere Eigenschaften: Schönheit, Ausstrahlung und Ausdauer

Eignung: Showreiten und -fahren

HERKUNFT

Arizona/USA

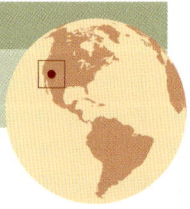

Neufundland-Pony

Im Neufundland-Pony vereinen sich die Blutlinien vieler Rassen; unter anderen zählen Connemara-, Dartmoor- und Exmoor-Ponys sowie Fell-Ponys zu seinen Vorfahren. Es ist ein vielseitiges Familienpferd. Sein sanftes Temperament und das dichte Winterfell machen es zu einem idealen Schlittenpferd.

Größe: ca. 1,12 m – 1,45 m

Beschreibung: Kleiner Kopf mit großen Augen und kleinen, stark behaarten Ohren; stämmiger Rumpf mit kräftigem Hals und kurzem Rücken; abfallende Kruppe mit tief angesetztem Schweif. Meist Braune und Rappen, aber auch Füchse, Schimmel und Falben.

Besondere Eigenschaften: Robustheit, Zähigkeit. Das sehr dichte Winterfell ist häufig erstaunlich anders gefärbt als das Sommerfell.

Eignung: Familienpferd, Anfängerpferd, Fahren

HERKUNFT

Neufundland
in Kanada

Niederländisches Warmblut

Das gut gebaute und kräftige Niederländische Warmblut taucht oft in den Siegerlisten der großen Spring- und Dressurturniere auf. Es ist für sein williges Temperament und seine kraftvollen Bewegungen bekannt.

Pony

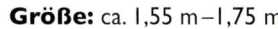

Vollblut/
Warmblut

Kaltblut

Farb-
rasse

Größe: ca. 1,55 m–1,75 m

Beschreibung: Wohlgeformter Kopf mit geradem Profil; gebogener, muskulöser Hals; ausgeprägter Widerrist und tiefe Brust; kurze, flache Kruppe; kräftige Hinterhand. Gewöhnlich Füchse, Braune, Rappen und Schimmel, häufig mit weißen Abzeichen am Kopf und an den Beinen.

Besondere Eigenschaften: Weltberühmt für seine Eignung für den Turniersport

Eignung: Springen, Dressur und Fahren

HERKUNFT

Niederlande

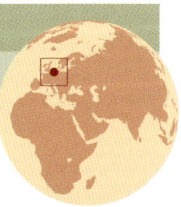

Nokota Horse

Diese Rasse stammt von den Pferden des Indianerhäuptlings Sitting Bull ab und ähnelt den Indianerpferden des 19. Jahrhunderts. Sein sportliches Talent und sein Stehvermögen haben dem Nokota Horse großen Ruhm als Distanzpferd eingebracht.

Größe: je nach Typ ca. 1,40 m – 1,75 m

Beschreibung: Der traditionelle Typ ist klein mit spanischen Merkmalen; der »Rancher-Typ« gleicht den frühen Quarter Horses und hat Vollblut- und Percheroneinschlag. Häufig sind Rappstichelhaarige sowie Rappen und Schimmel, seltener Braune und Füchse. Manchmal kommen blaue Augen und Scheckzeichnungen vor.

Besondere Eigenschaften: Zähigkeit, Intelligenz, Zuverlässigkeit

Eignung: Freizeit- und Geländereiten, Distanzreiten, Hüte- und Treibarbeit (Rancharbeit), Dressur, Springen

Pony

Vollblut/
Warmblut

Kaltblut

Farb-
rasse

Pony

Vollblut/ Warmblut

Kaltblut

Farb- rasse

North American Spotted Draft Horse

Gescheckte Kaltblüter tauchen zwar in der Kunst schon seit Jahrhunderten auf, doch nun versuchen amerikanische Züchter, eine echte Rasse zu entwickeln. Derzeit haben diese seltenen, schönen Pferde häufig Percheronahnen oder Einschläge anderer Kaltblutrassen.

Größe: ca. 1,50 m – 1,75 m

Beschreibung: Intelligenter Kopf; gebogener Hals; steile Schulter; kurze, muskulöse Oberarme und Oberschenkel; viel Gurtentiefe; kurzer Rücken, lange Hinterhand mit gerader Kruppe. Immer Schecken.

Besondere Eigenschaften: Auffällige Scheckfarbe

Eignung: Vielseitig einsetzbares Zug- und Wagenpferd

HERKUNFT

Mittlerer Westen der USA, vor allem Iowa

Norweger

Pony

Vollblut/ Warmblut

Kaltblut

Farb- rasse

Vor mindestens 4000 Jahren kamen wilde Pferde nach Norwegen. Die Wikinger züchteten sie als Kriegspferde; sie waren ihre ständigen Begleiter. Die Rasse ist bekannt für ihre Trittsicherheit und Freundlichkeit.

Größe: ca. 1,35 m–1,45 m

Beschreibung: Konkaves Profil; kleine Ohren, kurzer, muskulöser Hals und häufig steile Schulter; kompakter, tiefer Rumpf; abfallende Kruppe; stämmige, kurze Beine; leichter Kötenbehang. Immer Falben mit Aalstrich und Zebrastreifen an den Beinen; struppige weiße Mähne mit schwarzem Streifen in der Mitte.

Besondere Eigenschaften: Freundliches Gemüt, Trittsicherheit, sehr bequeme Gänge, große Ausdauer

Eignung: Reiten, Fahren, Lasttier, Feldarbeit; großartiges Kinder- und Familienpferd; erfolgreich in Dressur und Springen in den unteren Wettkampfklassen

HERKUNFT

Norwegen

Oldenburger

Jahrhundertelang war diese Rasse ein hochwertiges Kutsch- und Wagenpferd, das in Militär, Landwirtschaft und Postdienst sehr geschätzt wurde. Nach dem Zweiten Weltkrieg wurde die Rasse zu einem herausragenden Sportpferd weiterentwickelt.

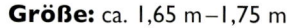
Pony

Vollblut/ Warmblut

Kaltblut

Farb- rasse

Größe: ca. 1,65 m – 1,75 m

Beschreibung: Gerades oder leicht konvexes Profil; muskulöser, aber eleganter Hals, ausgeprägter Widerrist und tiefe Brust; recht flache Kruppe. Alle Grundfarben, oft weiße Abzeichen an Kopf und Beinen.

Besondere Eigenschaften: Kraft vereint mit einem freundlichen Temperament, guten, energischen und raumgreifenden Bewegungen und viel Ausdruck

Eignung: Dressur, Springen, Gespannfahren

HERKUNFT

Deutschland

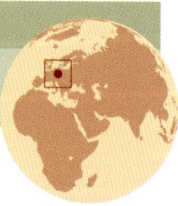

Palomino

Die wunderschöne Palominofarbe kommt bei vielen Pferderassen der Welt vor. Außerdem spielen die Palominos seit Jahrtausenden in Mythen und Kunst eine Rolle. Zu Kolumbus' Zeiten liebte Königin Isabella von Spanien diese Pferde, weswegen man sie auch Isabellen nennt.

Pony

Vollblut/ Warmblut

Kaltblut

Farb- rasse

Fellfarbe: Gold, dunkle Haut, häufig weiße Abzeichen an Kopf und Beinen

Langhaar: Flachsfarben oder weiß

Sonstiges: Außerhalb der USA wird der Palomino meist nicht als tatsächliche Rasse anerkannt, da er eigentlich eine Farbzüchtung ist. Er weist häufig Merkmale von Westernpferderassen auf.

FARBE UNTER DER LUPE

Das Fohlen erbt die Farbgene von beiden Eltern. Ein bestimmtes Gen muss von einem Elternteil vererbt werden, damit das Fohlen ein Palomino wird. Ist dieses Gen nicht vorhanden, wird ein Fuchs geboren; wird es von beiden Eltern vererbt, hat das Fohlen eine sehr blasse Farbe, die man Weißisabell oder auch Cremello nennt.

Pony

**Vollblut/
Warmblut**

Kaltblut

Farb-
rasse

Gangpferd

140

Paso Fino

*Paso Fino bedeutet auf Spanisch »feiner Gang«. Diesen Namen bekam diese süd-
amerikanische Rasse wegen ihrer angeborenen Töltveranlagung. Diese Gangart,
»Paso« genannt, wird in drei Geschwindigkeiten geritten: Classic Fino, Paso Corto
und Paso Largo.*

Größe: ca. 1,40 m – 1,55 m

Beschreibung: Kleiner Kopf mit
leicht konvexem Profil; gebogener Hals
und schräge Schulter; langes, volles
Langhaar. Alle Farben und Zeichnungen
außer Tigerscheckzeichnung.

Besondere Eigenschaften:
Leichtfuttrig mit einmaligem, sehr
kurzem Tölt; bekannt für seine
lebhafte, stolze Ausstrahlung *(brio)*

Eignung: Gelände- und Freizeitreiten,
Showreiten

HERKUNFT

Puerto Rico

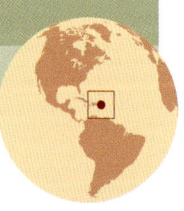

Pony

Vollblut/
Warmblut

Kaltblut

Farb-
rasse

Gangpferd

Paso Peruano

Dieses lebhafte Pferd verfügt über außerordentlich weiche Gangarten, ist sehr aufmerksam unter dem Reiter sowie extrem ausdauernd und anpassungsfähig an unterschiedliche Klimabedingungen. Der Paso Peruano ist ein Gangpferd.

Größe: ca. 1,40 m – 1,55 m

Beschreibung: Mittelgroßer Kopf mit geradem oder leicht konkavem Profil; kleines Maul, nach innen gerichtete Ohren; muskulöser Hals und breite Brust; lange, leicht abfallende Kruppe mit tiefem Schweifansatz; gut gewinkelte Sprunggelenke. Alle Grundfarben, Isabellen und Falben.

Besondere Eigenschaften: Ein für seine Eleganz, Ausdauer und Temperament bekanntes Gangpferd. Willig und leicht zu reiten. Seine angeborene Viertaktgangart wird als langsamer Paso Llano oder schneller Sobrandando geritten.

Eignung: Freizeit- und Geländereiten, Showreiten

HERKUNFT

Peru

Percheron

Zur Zeit der Kreuzzüge war der Percheron für seine Ruhe, Zuverlässigkeit und Schönheit bekannt und wurde häufig als Kriegspferd eingesetzt. Obwohl der Percheron kräftig gebaut ist, zeigt er Eleganz und Showtalent.

Pony

Vollblut/
Warmblut

Kaltblut

Farb-
rasse

Größe: ca. 1,65 m – 1,85 m

Beschreibung: Mittelgroßer Kopf mit breiter Stirn; breite, tiefe Brust; gerader, breiter Rücken mit leicht abfallender, gespaltener Kruppe und muskulöser Hinterhand; große Hufe. Meist Rappen und Schimmel, gelegentlich Füchse und Braune. Nur kleine weiße Abzeichen.

Besondere Eigenschaften:
Elegante und intelligente Kaltblutrasse mit guten Gängen

Eignung: Zug- und Fahrpferd

HERKUNFT

Frankreich

Pinto

Die gescheckten Pintos kamen mit den Spaniern nach Amerika, doch diese Färbung gibt es schon seit Tausenden von Jahren. In vielen Warmblutzuchten ist die Scheckfarbe unerwünscht. Der Pinto hingegen ist eine reine Farbzüchtung, die Scheckzeichnung steht im Vordergrund.

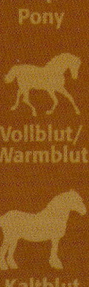

Pony

Vollblut/
Warmblut

Kaltblut

Farb-
rasse

Fellfarbe: Weiß mit schwarzen, braunen, fuchsfarbenen, grauen oder goldfarbenen Flecken; häufig weiße Abzeichen am Kopf.

Langhaar: Unterschiedlich, oft mehrfarbig

Beschreibung: Unterschiedlich je nach Abstammung

FARBE UNTER DER LUPE

Pintos gehören zu den Plattenschecken. Es gibt ihn in zwei Grundzeichnungen. Tobianos haben regelmäßige, klar abgegrenzte Flecken, häufig weiße Beine und einen mehrfarbigen Schweif. Die Flecken des Overo sind unregelmäßig, die weiße Farbe kreuzt die Rückenlinie nicht. Die abgebildeten Pferde sind Tobianos.

Pony

Vollblut/
Warmblut

Kaltblut

Farb-
rasse

Pony of the Americas (POA)

Diese Rasse wurde ursprünglich als Western- oder Hütepony entwickelt. Seine sportliche Begabung, der gute Körperbau und sein sanftes Temperament haben ihm jedoch auch einen Platz in den Disziplinen Distanzreiten, Vielseitigkeit und Fahren beschert.

Größe: ca. 1,15 m–1,45 m

Beschreibung: Zierlich gebaut mit leicht konkavem Profil und großen Augen; leicht gebogener Hals, ausgeprägter Widerrist, schräge Schulter; kurzer Rücken, lange Kruppe. Die Fellzeichnung, die gestreiften Hufe und die gefleckte Haut an Maul und Genitalien hat die Rasse von ihren Appaloosa-Vorfahren.

Besondere Eigenschaften: Sportbegabung; auffällige Scheckzeichnung

Eignung: Freizeitreiten aller Art, Turnierpferd für Kinder und junge Erwachsene

HERKUNFT

Iowa/USA

Pony

Vollblut/
Warmblut

Kaltblut

Farb-
rasse

Gangpferd

Pryor Mountain Mustang

Diese Pferde kamen vor mindestens 200 Jahren in die rauen, abgelegenen Pryor Mountains in Amerika. Möglicherweise waren sie ihren Eigentümern entlaufen. Ihre Geschichte ist ein Geheimnis, doch sie zeigen das Erbe spanischer Pferde.

Größe: ca. 1,30 m – 1,50 m

Beschreibung: Gerades oder leicht konvexes Profil; schmaler, tiefer Rumpf; kurzer Rücken; langes, volles Langhaar; abfallende Kruppe mit niedrig angesetztem Schweif. Falben, Isabellen und Rappen; häufig sind ein Aalstrich, Schulterstreifen und manchmal Zebrastreifen an den Beinen.

Besondere Eigenschaften:
Gangpferderasse im spanischen Typ

Eignung: Gelände- und Freizeitreiten, Distanzreiten; Hüte- und Treibarbeit (Rancharbeit); geeignet für Reiter mit körperlichen Behinderungen oder Rücken- und Knieproblemen

HERKUNFT

Pryor Mountains an der Grenze von Montana und Wyoming/USA

Pony

**Vollblut/
Warmblut**

Kaltblut

Farb-
rasse

Gangpferd

152

Racking Horse

Diese Pferde sind seit dem Amerikanischen Bürgerkrieg (1861–1865) sehr beliebt, doch bis vor Kurzem handelte es sich nicht um eine richtige Rasse. Der weiche, schnelle Rack (eine töltähnliche Gangart im Viertakt), die Ausdauer, das ruhige Temperament und seine Schönheit machen das Racking Horse beliebt.

Größe: ca. 1,55 m

Beschreibung: Elegant gebaut mit langer, schräger Schulter und langem, leicht gebogenem Hals; leicht abfallende Kruppe und in mittlerer Höhe angesetzter Schweif. Alle Farben, auch Schecken.

Besondere Eigenschaften:
Natürliche Gangveranlagung, Ausdauer, Willigkeit, Vielseitigkeit

Eignung: Freizeit- und Geländereiten, Jagdreiten, Showreiten

HERKUNFT

Süden der USA

Pony

**Vollblut/
Warmblut**

Kaltblut

**Farb-
rasse**

Gangpferd

154

Rocky Mountain Horse

Diese Rasse stammt aus den rauen, felsigen Bergen Ostkentuckys, nicht, wie der Name vermuten lässt, aus den Rocky Mountains in Colorado. Die Rasse wurde vor dem Pflug, zur Arbeit mit dem Vieh, zum Fahren, zum Reiten und als Lasttier genutzt.

Größe: ca. 1,45 m – 1,65 m

Beschreibung: Breite Brust, schräge Schulter, ausdrucksvolle Augen; mitunter deutliche spanische Merkmale. Ungewöhnliche Farbkombinationen; der Körper ist dabei immer einfarbig, häufig schokoladenfarben, mit weißem Langhaar.

Besondere Eigenschaften:
Gangpferd, für seine Freundlichkeit und Vielseitigkeit bekannt

Eignung: Freizeit- und Geländereiten, Distanzreiten, Showreiten, Hüte- und Treibarbeit (Rancharbeit), gutes Anfänger-, Kinder- und Therapiepferd

HERKUNFT

Osten von Kentucky/
USA

Pony

Vollblut/
Warmblut

Kaltblut

Farb-
rasse

Gangpferd

156

Sable Island Horse

Die Vorfahren dieser verwilderten Rasse überlebten jahrhundertelang im rauen Klima einer winzigen, abgelegenen Insel vor der Küste von Neuschottland in Kanada. Wie bei vielen Inselrassen sorgte der Futtermangel für ein eher kleines Pferd.

Größe: ca. 1,30 m – 1,40 m

Beschreibung: Kräftig und stämmig; deutliche spanische Merkmale, z. B. gebogener Hals, abfallende Kruppe und niedriger Schweifansatz. Meist Braune und Füchse, oft mit Mehlmaul und Aalstrich, manchmal weiße Abzeichen an Kopf und Beinen.

Besondere Eigenschaften: Vom Aussterben bedroht; natürlicher Passgänger

Eignung: Distanzreiten, Freizeitreiten, Hüte- und Treibarbeit (Rancharbeit)

HERKUNFT

Neuschottland, Kanada

Selle Français

Diese Rasse ist international berühmt für ihre Sprungbegabung. Das große, elegante und doch muskulöse Selle Français findet man in den olympischen Teams vieler Nationen. Viele Selle Français sind außergewöhnlich anhänglich gegenüber dem Menschen und bestrebt, es ihm recht zu machen.

Größe: ca. 1,65 m – 1,75 m

Beschreibung: Ähnelt dem Vollblut, aber mit kräftigerem Fundament und stärkerer Bemuskelung; elegant, aber kräftig; langer Hals, oft großer Kopf; eher Quadrat- als Rechteckformat. Meistens Füchse oder Braune, aber auch Schimmel und Rappen.

Besondere Eigenschaften: Viel Temperament, große Sprungbegabung

Eignung: Springen, Dressur, Vielseitigkeit

Pony

Vollblut/
Warmblut

Kaltblut

Farb-
rasse

Pony

Vollblut/
Warmblut

Kaltblut

Farb-
rasse

Shackleford Banker Pony

Seit Jahrhunderten leben Wildpferde auf den Inseln der Kette »Outer Banks« in North Carolina. Sie haben sich daran gewöhnt, das spärliche salzige Gras zu fressen. Im Winter sind sie struppig, aber im Sommer sind sie glatthaarig und gesund.

Größe: ca. 1,30 m – 1,45 m

Beschreibung: Extrem robust und widerstandsfähig; spanische Merkmale, z. B. langer, schmaler Kopf mit geradem oder leicht konvexem Profil; schmaler, aber tiefer Rumpf und niedriger Schweifansatz. Meist Falben, Füchse, Rappen und Braune sowie Schecken.

Besondere Eigenschaften:
Der älteste belegte Pferdebestand in Nordamerika

Eignung: Freizeitreiten, Fahren, gutes Kinderpferd

HERKUNFT

Shackleford Island,
Outer Banks, North
Carolina/USA;
spanische Vorfahren

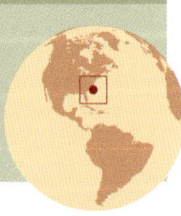

Shagya-Araber

Diese Rasse wurde im 18. und 19. Jahrhundert in Ungarn entwickelt. Sie vereint bestes Blut von Arabern, spanischen Pferden, Vollblütern und Lipizzanern. In Ungarn künden Statuen vom Mut der Shagya-Araber im Kampf.

Größe: ca. 1,50 m – 1,65 m

Beschreibung: Ähnelt dem Araber, aber etwas kräftiger; breite Brust, kurzer Rücken, schräge Schulter, ausgeprägter Widerrist. Häufig Schimmel, aber auch alle anderen Grundfarben.

Besondere Eigenschaften:
Die Rasse ist bekannt für ihre sportliche Begabung, Ausdauer, ihren Mut und ihr anhängliches Wesen.

Eignung: Springen, Dressur, Freizeit- und Geländereiten, Distanzreiten, Vielseitigkeit, Fahren

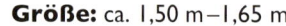

HERKUNFT

Ungarn

Shetland-Pony

Diese Rasse stammt von den Shetland-Inseln an der Nordküste Schottlands. Das robuste Shetland-Pony ist ein ausgezeichnetes Kinder- und Familienpferd. Es hat gute Bewegungen, Sprungbegabung und ist hervorragend zu fahren.

Größe: ca. 95 cm – 1,07 m

Beschreibung: Kurzer, trockener Kopf mit kleinem Maul und ausdrucksvollen Augen; gut ausbalancierter, kräftiger, stämmiger Körper; volles Langhaar; hoch angesetzter Schweif. Alle Farben bis auf Tigerscheckzeichnung.

Besondere Eigenschaften:
Kleine, zuverlässige, vielseitige und sehr robuste Rasse

Eignung: Fahren, Kinderpferd

HERKUNFT

Shetland-Inseln,
Großbritannien,
Wurzeln vermutlich
in Skandinavien

Pony

Vollblut/
Warmblut

Kaltblut

Farb-
rasse

Shire Horse

Das größte aller Kaltblutpferde stammt von den schweren Kriegspferden der Armee von König Heinrich II. (1154–1189) ab. Der schwere Kötenbehang schützte die Beine auf dem feuchten, schlammigen Boden in England.

Größe: ca. 1,65 m – 1,95 m

Beschreibung: Langer, schlanker Kopf mit breiter Stirn und leicht konvexem Profil; langer, gebogener, hoch aufgerichteter Hals, schräge Schulter, breite Brust; viel Gurtentiefe, kurzer Rücken und abfallende Kruppe; große Hufe. Alle Grundfarben, weiße Abzeichen an Kopf und Beinen sind häufig.

Besondere Eigenschaften:
Die größte Rasse der Welt, nach dem Brabanter auch die schwerste

Eignung: Feldarbeit, Holzrücken, Fahren

HERKUNFT

England

Single-footing Horse

Diese Rasse beherrscht einen sehr klaren, rhythmischen und akzentuierten Tölt, in dem es Geschwindigkeiten bis zu 28 Stundenkilometern erreicht. Die Rasse wird auf diese Gangart gezüchtet; Single-footing Horses sind willig und leicht lenkbar.

Pony

Vollblut/
Warmblut

Kaltblut

Farb-
rasse

Gangpferd

Größe: ca. 1,45 m – 1,55 m

Beschreibung: Ähnelt dem Morgan, aber etwas eleganterer Hals; der gut ausbalancierte Tölt fällt auf. Alle Farben.

Besondere Eigenschaften:
Gangpferd mit guter Veranlagung für die Rancharbeit und »Cow sense«; angeborener Tölt; bekannt für seinen freundlichen, willigen Charakter

Eignung: Geländereiten, Distanzreiten, Hüte- und Treibarbeit (Rancharbeit)

HERKUNFT

USA, ursprünglich vermutlich aus dem Südosten, Zuchtbemühungen aber im Westen

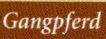

Pony

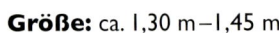
Vollblut/
Warmblut

Kaltblut

Farb-
rasse

Spanischer Mustang

Diese direkten Nachfahren der ersten spanischen Pferde, die nach Amerika kamen, stehen dem Typ des Goldenen Zeitalters von Spanien näher als jede andere Rasse. Sie sind zäh, schnell, willig und bequem.

Größe: ca. 1,30 m – 1,45 m

Beschreibung: Klassischer spanischer Kopf mit breiter Stirn und spitz zulaufender Ramsnase; schmale, tiefe Brust mit langer, schräger Schulter und ausgeprägtem Widerrist; kurzer Rücken und abfallende Kruppe mit niedrig angesetztem Schweif. Alle Farben, auch Scheckzeichnungen.

Besondere Eigenschaften:
Natürliche Begabung für die Rinderarbeit, Ausdauer

Eignung: Hüte- und Treibarbeit (Rancharbeit), Gelände- und Freizeitreiten, Distanzreiten

HERKUNFT

Genetischer Ursprung in Spanien

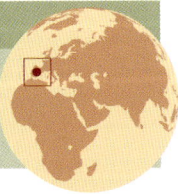

Spanish Barb

Die Vorfahren des Spanish Barb, Kreuzungen heißblütiger Wüstenpferde mit schweren spanischen Kriegspferden, kamen im 16. Jahrhundert nach Nordamerika. Der Spanish Barb ist eine Verschmelzung von Eleganz, Geschicklichkeit und Ausdauer.

Größe: ca. 1,35 m – 1,45 m

Beschreibung: Schmaler, edler spanischer Kopf mit geradem oder leicht konvexem Profil; gut gelagerte Schulter, kurzer Rücken; volles Langhaar, niedrig angesetzter Schweif. Alle Farben.

Besondere Eigenschaften: Eine sehr seltene Rasse mittelgroßer, starker, gut gebauter Pferde mit spanischen Merkmalen

Eignung: Hüte- und Treibarbeit (Rancharbeit), Westernturniersport, Geländereiten, Distanzreiten

HERKUNFT

Spanien

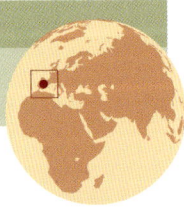

Pony

**Vollblut/
Warmblut**

Kaltblut

**Farb-
rasse**

Gangpferd

Spanish Jennet

Der ursprüngliche Jennet, ein kleiner, häufig sehr bunter Passgänger, ist ausgestorben, doch seine Gene überleben in Rassen wie dem Paso Fino und dem Paso Peruano. Der moderne Jennet ging aus ihnen hervor.

Größe: ca. 1,35 m – 1,45 m

Beschreibung: Edler Kopf mit geradem oder leicht konvexem Profil; gebogener, hoch aufgesetzter Hals, tiefe Brust und ausgeprägter Widerrist; dickes, volles Langhaar. Alle Farben außer Schimmeln; Schecken und Tigerschecken sind häufig.

Besondere Eigenschaften:
Gangpferd im spanischen Typ, häufig bunt

Eignung: Freizeit- und Geländereiten, Hüte- und Treibarbeit (Rancharbeit), Showreiten; die weichen Gänge machen dieses Pferd geeignet für Menschen mit körperlichen Behinderungen.

HERKUNFT

Spanien

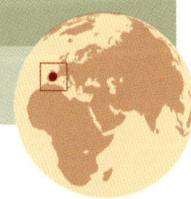

Standardbred

Pony

Vollblut/
Warmblut

Kaltblut

Farb-
rasse

Diese amerikanische Rennpferderasse bringt sowohl Traber als auch Passgänger hervor. Nach ihrer Rennkarriere vor dem Wagen machen ihr ruhiges Temperament und ihr Arbeitswille diese Pferde zu ausgezeichneten Freizeit- und Fahrpferden.

Größe: ca. 1,50 m – 1,55 m

Beschreibung: Gerades oder leicht konvexes Profil; lange Ohren; kurzer, gerader Hals; langer, muskulöser Körper, abfallende Hinterhand; volles Langhaar. Gewöhnlich Braune und Rappen, seltener Füchse oder Schimmel, nur kleine Abzeichen an Kopf und Beinen.

Besondere Eigenschaften:
Sehr schneller Trab oder Pass; große Ausdauer und viel Arbeitswille; ruhiges Temperament

Eignung: Trabrennen vor dem Wagen, Freizeitreiten und -fahren

HERKUNFT

Osten Nordamerikas

Pony

Vollblut/
Warmblut

Kaltblut

Farb-
rasse

Suffolk Punch

Der stämmige, kurzbeinige fuchsfarbene Suffolk Punch – die älteste Kaltblutrasse Englands – hat sich über die Jahrhunderte nur wenig verändert. Diese sehr langlebigen Pferde eignen sich hervorragend für die Feldarbeit.

Größe: ca. 1,65 m – 1,75 m

Beschreibung: Langer, symmetrischer Körper; intelligenter Kopf auf einem starken, gebogenen Hals; viel Gurtentiefe; steile Schulter, kurzer Rücken, runde Hinterhand, gerade Kruppe und hoch angesetzter Schweif; eng beieinanderstehende, kurze Beine. Immer Füchse, manchmal mit kleinem Stern oder Schnippe und weißen Fesseln.

Besondere Eigenschaften:
Sehr selten, in England leben weniger als 100 Pferde dieser Rasse; weltweit weniger als 3 500

Eignung: Feldarbeit und Holzrücken

HERKUNFT

Suffolk, England

**Vollblut/
Warmblut**

Sulphur Horse

Die Vorfahren dieser verwilderten Pferde entkamen vermutlich vor mehreren Hundert Jahren Händlern auf der Old-Spanish-Trail-Handelsroute. Die Rasse wird heute von der amerikanischen Regierung geschützt.

Größe: ca. 1,30 m – 1,55 m

Beschreibung: Schmaler, klarer Kopf mit mandelförmigen Augen; lange, schräge Schulter; ausgeprägter Widerrist; leicht abfallende Kruppe mit mittel bis niedrig angesetztem Schweif. Alle Grundfarben, Falben und Palominos, keine Schecken; manchmal mit Aalstrich.

Besondere Eigenschaften:
Pferd im spanischen Typ, häufig Falben

Eignung: Gelände- und Freizeitreiten, Distanzreiten, Hüte- und Treibarbeit (Rancharbeit), Westerndisziplinen

HERKUNFT

Südwesten
von Utah/USA

Pony

Vollblut/
Warmblut

Kaltblut

Farb-
rasse

Gangpferd

182

Tennessee Walking Horse

Viele Menschen kennen die Walker nur als Showpferde, doch die Rasse nahm ihren Ursprung als Gebrauchs- und Arbeitspferd in der Landwirtschaft, das ebenso den Pflug ziehen wie Kinder zur Schule tragen konnte.

Größe: ca. 1,45 m – 1,75 m

Beschreibung: Edel, aber kräftig; langer Hals und lange, schräge Schulter, kurzer Rücken und lange Hüfte. Alle Farben, auch Schecken.

Besondere Eigenschaften: Gangpferd, bekannt für sein Nicken im Running Walk

Eignung: Gelände- und Freizeitreiten, Showreiten

HERKUNFT

Tennessee/USA

Pony

Vollblut/ Warmblut

Kaltblut

Farb- rasse

Gangpferd

Tiger Horse

Der Name dieser bunten Rasse kommt vom spanischen Wort tigre *(Bezeichnung für eine gefleckte Katze). Sie wurde von den Nez-Percé-Indianern im Nordwesten der USA entwickelt. Tiger Horses sind Gangpferde mit manchmal bis zu neun Gängen, darunter der »Indian Shuffle«.*

Größe: ca. 1,30 m – 1,65 m

Beschreibung: Schlanker Kopf mit geradem oder leicht konvexem Profil; hoch angesetzter Hals, ausgeprägter Widerrist, abfallende Kruppe, niedrig angesetzter Schweif. Appaloosa-Zeichnungen von Tigerschecken über Schabrackenschecken (Bild) zu Stichelhaarigen.

Besondere Eigenschaften: Seltene Gangpferderasse mit herausragender Lernfähigkeit und großem Herz

Eignung: Gelände- und Freizeitreiten, Hüte- und Treibarbeit (Rancharbeit); geeignet für Reiter mit körperlichen Behinderungen

HERKUNFT

Nordwesten der USA

Tinker

*Diese Rasse wurde über Generationen von Zigeunern in England entwickelt.
Sie sind perfekte Zugpferde: stark, intelligent, sanftmütig, zuverlässig. Sie haben
ausgezeichnete Gangarten und ein ruhiges Temperament.*

Pony

Vollblut/
Warmblut

Kaltblut

Farb-
rasse

Größe: ca. 1,40 m – 1,55 m

Beschreibung: Kompakt und kräftig;
üppiges Langhaar und dichter Kötenbehang. Häufig gescheckt, aber auch
andere Farben kommen vor.

Besondere Eigenschaften:
Auffallende Erscheinung; gute Gänge;
williger, freundlicher Charakter;
geeignet als Reit- und Fahrpferd;
der breite Rücken lädt zum Reiten
ohne Sattel ein

Eignung: Fahren, Freizeitreiten,
Dressur

HERKUNFT

England

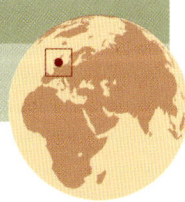

Trakehner

Der Trakehner ist ein Bild eleganter Kraft. Die Rasse lässt sich bis in die 1790er zurückverfolgen und ist erfolgreich bei den Olympischen Spielen seit 1920. Nur wenige Trakehner überlebten den Zweiten Weltkrieg, doch die Rasse wurde mit großer Anstrengung erhalten.

Pony

Vollblut/ Warmblut

Kaltblut

Farb- rasse

Größe: ca. 1,65 m – 1,75 m

Beschreibung: Rechteckformat, leichtknochiger als die meisten Warmblüter; ausdrucksvoller Kopf, manchmal mit leicht konkavem Profil; langer Hals und ausgeprägter Widerrist; hoch angesetzter Schweif. Alle Grundfarben, manchmal Schecken.

Besondere Eigenschaften: Königliche Ausstrahlung, raumgreifende Gänge, Sportbegabung

Eignung: Springen, Dressur, Vielseitigkeit

HERKUNFT

Ostpreußen

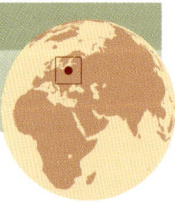

Pony

Vollblut/
Warmblut

Kaltblut

Farb-
rasse

Ungarisches Sportpferd

Ungarns Geschichte als ein Land großartiger Pferdezucht reicht lang zurück, bis zu den Magyaren-Stämmen aus dem 9. Jahrhundert. Die modernen ungarischen Sportpferde sind als hervorragende Bewegungstalente und Springpferde bekannt.

Größe: ca. 1,55 m – 1,75 m

Beschreibung: Kräftig, aber nicht massig; wohlgeformter Kopf mit breiter Stirn; freundlicher, aufmerksamer Ausdruck; langer Hals, ausgeprägter Widerrist und tiefe Brust; runde Kruppe und recht hoch angesetzter Schweif. Alle Grundfarben, Isabellen und Falben.

Besondere Eigenschaften: Außerordentliche Sportbegabung, sehr gute Gänge

Eignung: Springen, Dressur, Vielseitigkeit und Gespannfahren

HERKUNFT

Ungarn

Welara-Pony

Pony

Vollblut/
Warmblut

Kaltblut

Farb-
rasse

Diese Rasse wurde durch die Kreuzung einer der schönsten Vollblutrassen, des Arabers, mit einer der schönsten Ponyrassen, des Welsh-Ponys, entwickelt. Das Welara-Pony ist elegant, edel, zäh, lebhaft und sportlich.

Größe: ca. 1,15 m – 1,48 m

Beschreibung: Kleiner, trockener Kopf mit spitz zulaufendem Maul und leicht konkavem Profil; langer, hoch aufgesetzter Hals und schräge Schulter; lange, gerade Kruppe mit hoch angesetztem Schweif. Alle Farben und Zeichnungen bis auf Tigerschecken.

Besondere Eigenschaften: Bemerkenswert schönes, zuverlässiges Sportpony

Eignung: Showreiten, besonders im Geschirr, Freizeitfahren, Jagdreiten, Turniersport (olympische Disziplinen und Western); Gelände- und Freizeitreiten

HERKUNFT

England und USA

Welsh-Pony und Welsh Cob

Pony

Vollblut/ Warmblut

Kaltblut

Farb- rasse

Die Geschichte des kräftigen, aber eleganten Welsh-Ponys kann man bis in die Zeit der Römer zurückverfolgen. Seine Vorfahren waren vermutlich keltische Ponys mit Araberblut. Der Cob ist kräftiger gebaut.

Größe: ca. 1,12 m–1,30 m für Ponys, Cobs ab 1,35 m, kein Limit nach oben

Beschreibung: Mehrere Typen mit unterschiedlicher Abstammung und daher unterschiedlichem Körperbau. Alle Typen haben einen kleinen Kopf mit spitzen Ohren und konkavem Profil; ausgeprägter Widerrist, hoch angesetzter Schweif. Alle Farben außer Schecken, vor allem Schimmel, Braune und Füchse.

Besondere Eigenschaften: Wunderschöne Tiere, bekannt für ihre Zuverlässigkeit, ihr Bewegungstalent und ihre Sprungbegabung

Eignung: Springen, Fahren, Kinderpferd

HERKUNFT

Wales/England

Westfale

Der Westfale, einst ein preußisches Bauernpferd, ist heute eine der beliebtesten Warmblutrassen der Welt und ein herausragendes Sportpferd. Er wird für seine großartigen Bewegungen und seine Willigkeit gegenüber dem Reiter geschätzt.

Vollblut/ Warmblut

Kaltblut

Farb- rasse

Größe: ca. 1,65 m – 1,75 m

Beschreibung: Attraktiver Kopf mit geradem oder leicht konkavem Profil; langer Hals und kräftige, schräge Schulter; tiefer, muskulöser Rumpf; flache Kruppe. Alle Grundfarben.

Besondere Eigenschaften:
Ausdrucksstarke und kraftvolle Gänge, sportliche Begabung

Eignung: Springen, Dressur, Jagdreiten, Vielseitigkeit

HERKUNFT

Deutschland

Pony

Vollblut/
Warmblut

Kaltblut

Farb-
rasse

198

Wilbur-Cruce Mission Horse

Diese kräftigen Pferde leben seit Hunderten von Jahren im rauen Hinterland von Arizona. Sie werden inzwischen als eigene Rasse anerkannt und dem Spanish-Barb-Zuchtbuch zugeordnet.

Größe: ca. 1,40 m – 1,55 m

Beschreibung: Merkmale des Spanish Barbs sichtbar; gerades oder leicht konvexes Profil , schmaler, aber tiefer Rumpf, abfallende Kruppe mit tiefem Schweifansatz. Rappen, Füchse, Falben und Schecken.

Besondere Eigenschaften: Nebenlinie des vom Aussterben bedrohten Spanish Barb; spanischer Körperbau, Trittsicherheit, Mut und angeborener »Cow sense«

Eignung: Hüte- und Treibarbeit (Rancharbeit), Geländereiten, Distanzreiten, alle Westerndisziplinen

HERKUNFT

Süden von Arizona/USA

Glossar

Aalstrich: Dunkle Linie entlang der Wirbelsäule vom Mähnen- bis zum Schweifansatz. Ein Merkmal der »primitiveren«, urwüchsigeren Pferderassen.

Abzeichen: Weiße Färbung des Fells an Kopf oder Beinen.

Blesse: Weißes Abzeichen am Kopf von der Stirn bis zum Maul.

Brauner: Pferd mit braunem Deckhaar in allen Schattierungen von Hellbraun bis Schwarzbraun und schwarzem Langhaar; häufig sind schwarze Beine.

Cow sense: Hierunter versteht man die Fähigkeit eines Pferdes, ein Rind einzuschätzen. Sie ist für die Arbeit mit Rindern sehr wichtig. Ein Pferd mit »Cow sense« reagiert selbstständig auf das Rind und beteiligt sich aktiv an der Treibarbeit. Die für diese Arbeit verwendeten Rassen haben den »Cow sense« als Zuchtziel. Er findet sich besonders bei den Pferden, die auf den amerikanischen Ranches eingesetzt werden.

Cremello: *Siehe* Weißisabelle.

Cutting: Westernturnierdisziplin; Reiter und Pferd müssen ein Rind aus einer Herde lösen und am Zurückkehren hindern. Für diese Disziplin ist »Cow sense« beim Pferd von Bedeutung, denn nachdem das Rind von der Herde getrennt ist, darf der Reiter keine Hilfen mehr geben, das Pferd muss allein arbeiten.

Deckhaar: Bezeichnung für die Fellfarbe des Pferdes.

Distanzreiten: Wettkampfmäßiges Streckenreiten. Die Strecke kann zwischen 25 und 160 Kilometer lang sein.

Unterwegs werden die Pferde immer wieder tierärztlich untersucht, um Überforderung zu vermeiden. Im Distanzreiten werden Europa- und Weltmeisterschaften ausgetragen.

Dressur: Jedes Reitpferd sollte eine dressurmäßige Ausbildung erhalten. Das Ziel ist ein Pferd, das das Reiter- und das eigene Gewicht mit der Hinterhand aufnimmt, sich selbst trägt und auf leiseste Reiterhilfen reagiert. Auf diese Weise kann das Pferd auch lange gesund und leistungsfähig bleiben. Erreicht wird dieses Ziel durch gymnastizierende Arbeit, die das Pferd geschmeidig macht. Dressur-

turniere werden in verschiedenen Leistungsklassen bis zu Europa- und Weltmeisterschaften und den Olympischen Spielen ausgetragen.

Falbe: Pferd mit hellbraunem, sandfarbenem, erdfarbenem, gelblichem oder cremefarbenem Deckhaar und schwarzem Langhaar und dunklen Beinen. Es gibt auch Falben mit grauem Fell, die Mausfalben. Häufig sind bei Falben der Aalstrich und Zebrastreifen an den Beinen.

Fuchs: Pferd mit braunem, rotbraunem oder rötlichem Deckhaar und gleichfarbigem oder hellerem Langhaar.

Gangpferd: Pferd, das neben den Grundgangarten Schritt, Trab und Galopp noch weitere Gangarten beherrscht. Die Veranlagung für diese Gangarten muss angeboren sein. Bis auf den Pass im Zweitakt handelt es sich bei den Spezialgangarten immer um Viertaktvariationen, z.B. Tölt. Gangpferde sind meist sehr bequem zu sitzen, da die Viertaktgangarten sehr erschütterungsarm sind.

Grundfarben: Hierunter versteht man die Farben Schimmel, Rappe, Brauner und Fuchs. Je nach Rasse gibt es mitunter noch eine weit darüber hinausgehende Farbpalette.

Glossar

Grundgangarten:
Hierunter versteht man die Gangarten Schritt, Trab und Galopp, die so gut wie alle Pferderassen beherrschen.

Hilfen: Über die Hilfen verständigt der Reiter sich mit dem Pferd. Man unterscheidet Schenkel-, Zügel- und Gewichtshilfen.

Hohe Schule: Höchstes Level der klassischen Dressur. Zu den Lektionen der Hohen Schule gehören Galopppirouette, Passage und Piaffe und auch die sogenannten Lektionen über der Erde wie die *Levade* (das Pferd erhebt sich mit angezogenen Vorderbeinen auf die Hinterhand), die *Courbette* (mehrere Sprünge auf den Hinterbeinen aus der Levade) und die *Kapriole* (das Pferd springt in die Luft und schlägt mit den Hinterbeinen aus).

Isabelle: Pferd mit goldenem bis cremefarbenem Deckhaar und hellem Langhaar (Flachsfarben bis Weiß). Diese Farbe wird auch als Palomino bezeichnet.

Kaltblut: Kaltblüter nennt man die schweren Zug- und Arbeitspferde. Sie sind kräftig und wuchtig gebaut, denn gezüchtet wurden sie für die Feldarbeit, das Ziehen von Kutschen und Wagen und für das Holzrücken im Wald. Ihr Blut ist nicht kälter als das anderer Pferde; sie sind aber meist sehr gelassen und ruhig und trotz ihrer Größe sehr umgänglich.

Konkaves Profil: Die Nasenlinie des Pferdes ist leicht nach innen gewölbt.

Konvexes Profil:
Die Nasenlinie des Pferdes ist nach außen gewölbt. Dies bezeichnet man auch als Ramsnase.

Kötenbehang: Lange Haare an den Fesseln des Pferdes.

Langhaar: Bezeichnung für Mähne und Schweif.

Olympische Disziplinen: Die olympischen Pferdesportdisziplinen sind Springen, Dressur und Vielseitigkeit.

Overo: Plattenschecke mit unregelmäßigen weißen Flecken, die Scheckzeichnung geht vom Bauch aus, das Weiß überquert die Rückenlinie nicht; häufig große weiße Abzeichen am Kopf; einfarbiger Schweif.

Palomino: *siehe* Isabelle.

Plattenschecke: Schecke mit großen zusammenhängenden Flecken, z. B. Overo oder Tobiano.

Pony: Als Ponys bezeichnet man alle Pferde mit einem Stockmaß unter 1,48 m. Es gibt sehr robuste und urwüchsige Ponyrassen, aber auch sehr elegante Ponytypen, die durch die Einkreuzung von Vollblütern entstanden sind.

Ramsnase: *Siehe* Konvexes Profil.

Rappe: Pferd mit schwarzem Deckhaar und Langhaar.

Reining: Westernturnierdisziplin; die Prüfung wird einzeln im Galopp geritten. Gezeigt werden unter anderem Tempiwechsel, fliegende Galoppwechsel, rasante Stopps (Sliding Stop) und Drehungen (Spins).

Schabrackenschecke/ Schabrackentiger: Pferd mit weißer Decke auf Rücken und Hüfte – entweder durchgehend weiß oder mit dunklen Flecken.

Schecke: Pferd mit geflecktem Deckhaar in Weiß und einer weiteren Farbe. Je nach Grundfarbe unterscheidet man Fuchsschecken, Braunschecken, Rappschecken

Glossar

und Grauschecken. Man unterscheidet verschiedene Scheckzeichnungen, darunter den Tobiano, den Overo, den Tigerschecken, den Schneeflockentiger und den Schabrackenschecken.

Schimmel: Pferd mit weißem Deckhaar und Langhaar. Schimmel werden nicht weiß geboren, sondern als Füchse, Rappen oder Braune und werden mit den Jahren immer heller; daher kommen bei dieser Farbe verschiedenste Schattierungen vor: Rotschimmel, Blauschimmel, Braunschimmel, Grauschimmel, Rappschimmel …

Sie können auch unterschiedliche Zeichnungen haben, wie *Fliegenschimmel* (kleine Farbtupfer im weißen Fell) oder *Apfelschimmel* (dunklere Halbkreise auf dem weißen Fell). Mit zunehmendem Alter wird der Schimmel reinweiß.

Schneeflockentiger: Pferd mit dunklem Deckhaar mit weißen Flecken.

Schnippe: Weißes Abzeichen zwischen den Nüstern.

Springen: Turnierdisziplin, bei der eine Springbahn (Parcours) mit mehreren verschiedenen Hindernissen

überwunden werden muss. Es gibt Turniere in verschiedenen Leistungsklassen bis zu Europa- und Weltmeisterschaften und Olympischen Spielen.

Stichelhaariges Pferd: Diese Pferde können leicht mit noch nicht völlig weißen Schimmeln verwechselt werden; in ihrem Fell mischen sich dunkle mit weißen Haaren. Sie werden jedoch mit den Jahren nicht weiß, auch wenn der Anteil der weißen Haare sich mit den Jahreszeiten ändern kann. Man nennt solche Pferde auch Dauerschimmel.

Stockmaß: Größenangabe bei Pferden; gemessen wird vom Boden zum Widerrist.

Tigerschecke: Pferd mit weißem Deckhaar mit walnuss- bis apfelgroßen dunklen Flecken.

Tobiano: Plattenschecke mit großen, regelmäßigen, klar abgegrenzten Flecken, die wie von oben über das Pferd »geschüttet« wirken, dabei überquert die weiße Farbe die Rückenlinie; weiße Abzeichen an Kopf und Beinen sind möglich, häufig mehrfarbiger Schweif.

Trail: Westernturnierdisziplin. Geschicklichkeitsprüfung, bei der z. B. Tore geöffnet, Stangen überritten oder Hindernisse wie ein Stangen-L am Boden rückwärts bewältigt werden müssen. Wichtig sind Gelassenheit und Ruhe des Pferdes, das selbstständig arbeiten, aber auch auf den Reiter hören muss.

Vielseitigkeit: Ein Wettkampf bestehend aus Dressur, Springen und Geländeritt mit Hindernissen. Wettkämpfe gibt es bis zu Europa- und Weltmeisterschaften und Olympischen Spielen.

Vollblut: So bezeichnet man die edelsten Pferderassen; besonders bekannt sind der Araber und das Englische Vollblut. Vollblüter sind leicht und edel gebaute Tiere mit oft überragender Schnelligkeit und großer Ausdauer. Sie kommen vor allem im Renn- und Distanzsport, aber auch im Freizeitreiten zum Einsatz. Überdies wurden zur Verbesserung vieler Pferderassen Vollblüter eingekreuzt.

Warmblut: Unter dieser Bezeichnung fasst man die heutigen eleganten Reit- und Sportpferde zusammen. Die Warmblüter entstanden aus Kreuzungen von Vollblütern mit kräftigeren einheimischen Pferden. Es gibt mittlerweile sehr viele verschiedene Warmblutrassen. Warmblüter sind geeignet für die meisten

Glossar

Reitsportdisziplinen, für Springen, Dressur und Vielseitigkeit, aber auch für alle Arten von Freizeitreiten.

Weißisabelle: Pferd mit sehr hell cremefarbenem Deckhaar und weißem Langhaar. Wird auch als Cremello bezeichnet.

Western Pleasure: Westernturnierdisziplin; *Pleasure* bedeutet auf Englisch Vergnügen. In der Gruppe werden die Grundgangarten gezeigt; es wird großer Wert auf Harmonie zwischen Reiter und Pferd und den Eindruck von Mühelosigkeit gelegt.

Westerndisziplinen: Das Westernreiten nahm seinen Anfang in der Reitweise der amerikanischen Cowboys. Es handelte sich ursprünglich um eine reine Arbeitsreitweise für die Arbeit mit Rindern. Typisch ist der schwere, bequeme Westernsattel, der sich gut für lange Ritte eignet. Die Westernreitweise ist eine Signalreitweise: Das Pferd arbeitet nach einer Hilfe selbstständig weiter, bis es eine neue Hilfe bekommt. Das ist für den Reiter weniger ermüdend als die englische Reitweise, bei der der Reiter ständig Hilfen gibt. Inzwischen gibt es verschiedene Turnierdisziplinen für diese Reitweise, darunter Reining, Trail, Western Pleasure und Cutting.

Widerrist: Übergang vom Hals zum Rücken. Hier wird das Pferd gemessen.

Der Körperbau des Pferdes

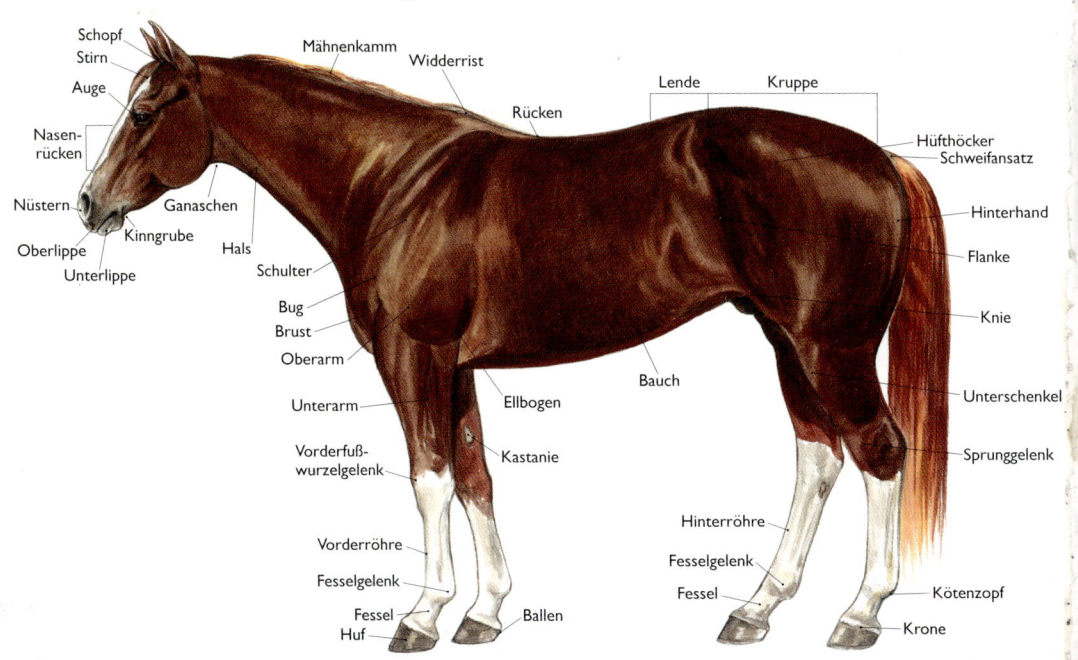

Schopf
Stirn
Auge
Nasenrücken
Nüstern
Oberlippe
Unterlippe
Kinngrube
Ganaschen
Hals
Mähnenkamm
Widderrist
Rücken
Schulter
Bug
Brust
Oberarm
Unterarm
Vorderfußwurzelgelenk
Ellbogen
Kastanie
Vorderröhre
Fesselgelenk
Fessel
Huf
Ballen
Lende
Kruppe
Hüfthöcker
Schweifansatz
Hinterhand
Flanke
Knie
Bauch
Unterschenkel
Sprunggelenk
Hinterröhre
Fesselgelenk
Fessel
Kötenzopf
Krone